支持课题：
① 亚热带建筑与城市科学全国重点实验室项目（2023ZB11）
② 教育部人文社科项目（24YJC630300）
③ 国家自然科学基金（52278027）

老旧小区应急疏散与标识

主编◎张彤彤 ｜ 副主编◎肖 靖 吴 昆

中国建筑工业出版社

图书在版编目（CIP）数据

老旧小区应急疏散与标识 / 张彤彤主编；肖靖，吴昆副主编． -- 北京：中国建筑工业出版社，2025.9．
ISBN 978-7-112-31110-1

Ⅰ．TU984.12

中国国家版本馆 CIP 数据核字第 20255PK504 号

责任编辑：何　楠
版式设计：锋尚设计
责任校对：张　颖

老旧小区应急疏散与标识

主编◎张彤彤　｜　副主编◎肖　靖　吴　昆

*

中国建筑工业出版社出版、发行（北京海淀三里河路9号）
各地新华书店、建筑书店经销
北京锋尚制版有限公司制版
北京中科印刷有限公司印刷

*

开本：880毫米×1230毫米　1/32　印张：6½　字数：197千字
2025年7月第一版　　2025年7月第一次印刷
定价：**49.00元**
ISBN 978-7-112-31110-1
（44813）

版权所有　翻印必究
如有内容及印装质量问题，请与本社读者服务中心联系
电话：（010）58337283　　QQ：2885381756
（地址：北京海淀三里河路9号中国建筑工业出版社604室　邮政编码：100037）

本书编委会

主　编：张彤彤

副主编：肖　靖　吴　昆

编　委：周晓珺　樊　乐　田　靓　习生乐
　　　　张浩明　黄俊龙　姜晨阳　张艳丽

目 录

第1章　绪论 ··· 1

　1.1　研究背景 ·· 2
　1.2　研究现状 ·· 5
　1.3　相关概念界定 ·· 8

第2章　老旧小区疏散体系及其疏散危险性分析 ············ 13

　2.1　疏散空间构成及疏散设计问题 ························· 14
　2.2　疏散行为及其危险性分析 ····························· 26

第3章　疏散走道的疏散机制及标识优化 ··················· 41

　3.1　疏散走道实验方案 ····································· 42
　3.2　疏散走道的疏散机制及难点问题 ····················· 44
　3.3　疏散走道疏散优化预案 ······························· 48
　3.4　疏散走道标识系统优化设计策略 ····················· 71

第4章　疏散楼梯的疏散机制及标识优化 ··················· 77

　4.1　疏散楼梯实验方案 ····································· 78
　4.2　疏散楼梯的疏散机制及难点问题 ····················· 80

  4.3 疏散楼梯的疏散优化预案 ················ 83

  4.4 疏散楼梯标识系统优化设计策略 ·········· 110

第 5 章 安全出口的疏散机制及标识优化 ······ **115**

  5.1 安全出口实验方案 ······················ 116

  5.2 安全出口的疏散机制及难点问题 ·········· 119

  5.3 安全出口的疏散优化预案 ················ 128

  5.4 安全出口标识系统优化设计策略 ·········· 137

第 6 章 小区疏散道路的疏散机制及标识优化 ····· **141**

  6.1 小区疏散道路实验方案 ·················· 142

  6.2 小区疏散道路的疏散机制及难点分析 ······ 145

  6.3 小区疏散道路的疏散优化预案 ············ 149

  6.4 小区疏散道路的标识优化设计策略 ········ 166

第 7 章 真人疏散 ································· **171**

  7.1 老旧小区安全疏散模拟与验证 ············ 172

  7.2 真人疏散实验方案 ······················ 173

  7.3 结果与分析 ···························· 182

结论与展望 ·· **185**

　　结论 ··· 185
　　展望 ··· 185

参考文献 ·· **187**

后记 ·· **198**

第1章
绪论

1.1 研究背景

（1）老旧小区应急疏散问题严峻，现行规范难以指导标识设计

老旧小区灾害频发，且现有疏散空间、疏散标识、人员构成和管理等方面存在诸多问题，导致应急疏散风险极大，尤其在火灾、挡土墙坍塌等突发事件中，人员易因过度拥挤而发生踩踏等事故，因此，快速、有效的疏散至关重要。通过分析近年深圳市的老旧小区应急疏散案例（见表1-1），发现在城市高密度开发背景下，老旧小区的疏散空间和标识设施严重不足，如疏散路径长、疏散出口①少、空间有限，标识数量不足且信息不明确等，这些现状难以适应灾害或大型公共事件中的人员疏散需求，更为严重的是，居民擅自改建、堆放易燃物品、封堵通道，使

老旧小区事故引发原因及其建筑特征　　　　表1-1

	具体事故	建筑特征	引发原因	造成损失
1	2017年深圳市福田区百花四路居民房火灾	人口密度高、可燃物多，疏散救援路径过长	电气着火	3人死亡1人受伤
2	2022年深圳市坪山区心海城小区火灾	人员密度高、可燃物多、空间功能复杂	用火不慎	3人死亡2人受伤
3	2008年深圳6·13特大暴雨	人员密度高、管理不足	挡土墙坍塌压垮居民楼并引发漏电	6人死亡1人受伤
4	2015年深圳12.20山体滑坡	人员密度高、厂区宿舍	人工违规堆土引发山体滑坡	73人死亡4人下落不明17人受伤
5	2016年深圳8.29出租屋火灾事故	人员密度高、空间复杂	电动车充电引发火灾	7人死亡4人受伤

表格来源：作者自绘

---

① 疏散出口是建筑物中引导紧急疏散的楼梯或门，用于在紧急情况下快速、安全地引导人员离开危险区域。

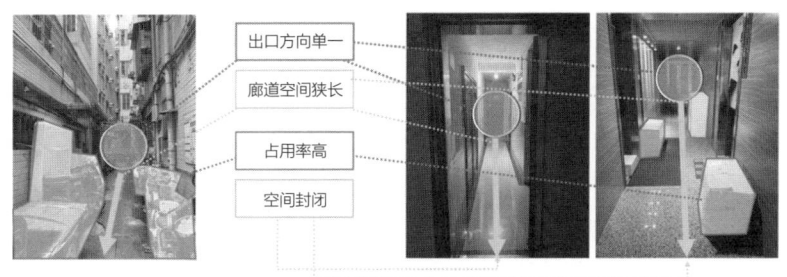

图1-1 老旧小区疏散空间现存问题举例
图片来源：作者自摄

得疏散拥堵问题加剧。加之，老年人和儿童等弱势群体在老旧小区占比较多，这使得疏散更加复杂，对疏散标识设计提出了更高要求（图1-1）。

标识系统优化是提高老旧小区疏散效率的重要途径，然而现行规范提出的标识布点位置及间隔、标识内容设计等通用性原则对老旧小区疏散标识设计的指导缺乏针对性，无法从本质上解决疏散问题。标识系统可以舒缓居民的恐慌情绪、指示疏散位置和逃生方向、缩短群体疏散时间，有效提高疏散效率，相较于大动干戈的空间本体改造设计，标识系统优化设计是一种更加经济、有效的疏散优化途径，但是，运用现有规范指导老旧小区标识设计面临三重困境：①从规范自身的发展逻辑来看，我国建筑设计规范标准结合建筑行业发展，随着建筑功能、层次等属性以及防火设备、建筑构件防火性能等防火技术的发展与改变，经历了数轮整合、修订、完善过程（见图1-2），各个时期的规范均代表了当时建筑安全的底线设计，而现行建筑设计规范无疑是最高、最严格的。老旧小区建设时期的设计规范与现行规范存在巨大差异，由最早的《建筑设计防火规范》TJ 16-74，到《建筑防火通用规范》GB 55037-2022，建造之初所依据的规范标准较低甚至无标准，现行规范对安全出口、疏散通道净宽、安全疏散距离、疏散楼梯形式和临时避难场所、安全疏散标识均有具体规定，可见老旧小区建设时遵循的疏散设计存在问题。②从现有规范制定的依据来看，现有疏散规范中疏散标识的规定以个体疏散为依据，满足个人的识别需求，未考虑群体疏散时人群拥挤对标识识别所产生的负面

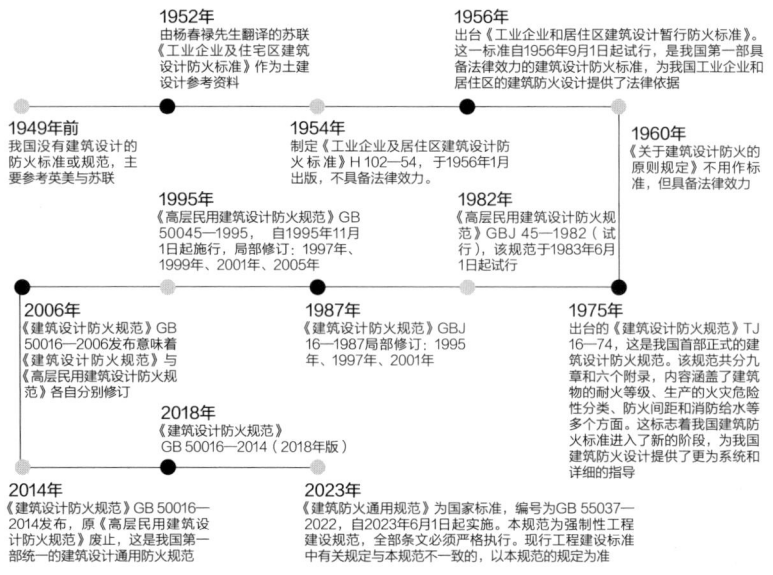

图 1-2 防火规范发展历程

图片来源：作者自绘

影响。群体疏散是一项受周围环境（如墙壁、门、障碍物等）、行人心理和行为（如结伴行为等）、社会关系（如家庭关系等）等多种因素影响的复杂过程，疏散标识规范将群体疏散过程简化为个体疏散过程的叠加将无法起到有效的指导作用。③老旧小区居民出于自身利益或商业需求，对小区空间进行自发改造，如将普通住宅改为生产经营性租住房，导致居住人数大幅提升，可燃物增多，灾害危险性发生改变，原先的疏散设计规范不再适用，而现行规范针对复杂的空间改造和功能置换也存在不适性，强制改造不现实，因此，此类小区的疏散标识设计需被单独评估和优化。

（2）模拟并探索疏散机制是优化疏散标识设计的有效途径

标识设计多基于个体出发，应用于一般物理空间，所提供的信息量有限，因此，借助仿真模拟技术模拟并探索疏散机制，识别出疏散难点和关键区域，并提供量化信息，能够进一步补充疏散标识信息，并优化其设计，使疏散标识具有可见性、可理解性、可信任性。在标识设计中，常常考虑的是标识布点的位置及间隔、标识背景对比度等通用规则，具有普适性却无法从本质上解决疏散问题，提高疏散效率。而借助模拟技术对灾害环境下的疏散空间（尤其是特殊疏散空间）进行模拟，得到诸如总疏散时长、人员疏散路径、人员密度分布云图、关键拥堵区域及拥堵持续时长等精细化指标，总结出应急疏散过程中的痛点问题，再根据疏散难点归纳出疏散机制，对疏散标识设计进行布点、内容、本体设计上的优化，有效解决疏散问题，是对疏散标识设计的有效补充。

  传统的人员疏散模拟演习，所耗费的经济成本较高、组织难度较大，而探索疏散机制需要反复地仿真、输出精确的数据，相较之下，仿真模拟技术能够应用于复杂化灾害场景中的应急疏散，且更具有便捷性、经济性、高效性。运用统计学原理进行人员疏散演习时，需召集大量实验人员并对其疏散过程进行数据追踪，而多次反复实验又带来经济成本的提高，使得人员疏散演习不具备便捷性和经济性。此外，疏散演习难以模拟多灾种下的复杂化灾害场景，其实际操作具有局限性，而仿真模拟技术借助于计算机技术能够在复杂化灾害环境中进行模拟并得到疏散机制，其实验运算快捷，数据获取全面，并可根据获得的人员疏散数据，对其进行结果分析并反复验证，有效节约实验成本、提高实验效率。因此，借助仿真模拟技术模拟并探索疏散机制是优化疏散标识设计的有效途径，也是解决疏散问题的可取之法。

1.2 研究现状

（1）国内外老旧小区安全疏散研究

  目前，高密度城市背景的老旧小区更新研究多集中于提升空间品质的方法及改造策略，鲜有从安全角度出发的优化设计研究。在仅有以应急疏散为视角的研究中，多学者专注于宏观层面的疏散空间系统，安全疏散路径及安置区布置，较少涉及小区层面的疏散问题。而在微观层面，学者们仅仅集中在建筑内部空间的定量分析，较少在建筑组团及小区尺度深入研究如何针对小区公共空间的关键区域进行优化和提升，尚未形成系统性研究成果，研究尺度存在断层。

在现有疏散模拟研究中，一方面，对疏散系统的梳理和类型分析依旧缺乏，构建的疏散场景未能充分结合老旧小区的实际空间使用情况，导致模拟结果缺乏普适性。另一方面，老旧小区的疏散空间通常存在可燃物多、可达性差、识别性低、空间面积有限等问题。因此，已有的模拟结果仅对老旧小区单一疏散问题具有指导意义，对其疏散问题的系统性归纳以及模拟研究目前仍处于空白。

（2）老旧小区标识设计研究

国内外的疏散标识研究通常聚焦于解决日常寻路问题的大型空间，而针对疏散路径相对明确的小区类建筑的标识研究较少。我国由于应急疏散标识受国家规范的强制约束，因此应急疏散类标识设计优化空间有限，大多数的优化设计仅限于其视觉传达的提升。现行疏散规范中关于疏散标识的规定主要基于个体疏散行为，而与建筑疏散设计中所要求的群体疏散行为计算方式则相互不适应。因此规范下的标识设计对个体疏散时的路径选择具有一定指导作用，但在群体疏散时，由于未能充分考虑拥堵和灾害信息的动态变化，标识的疏散指示效率变低（见图1-3）。

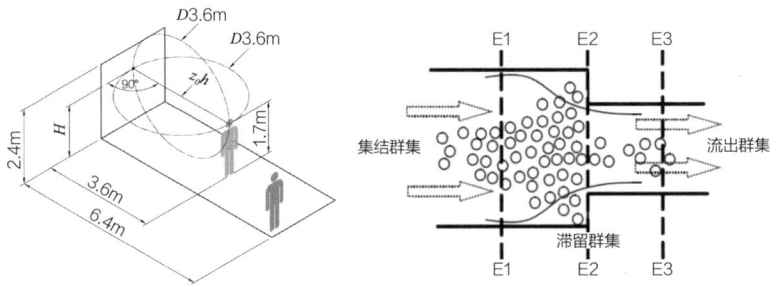

图1-3 疏散标识与疏散宽度设计规范之间的矛盾

（3）国内外仿真模拟技术研究

仿真模拟技术是优化疏散标识设计的有效技术支撑，为寻求适用于老旧小区的疏散模拟软件，笔者对国内外仿真模拟疏散软件进行梳理和筛选，最终选用疏散模拟软件Pathfinder应用于该研究（图1-4，表1-2）。现有仿真模拟疏散软件算法主要基于Agent-based模型和元胞自动模型（Gwynne等，1999年），Agent-based模型采用蒙特卡洛方法产生随机性（廖守亿＆戴金海，2004），其基本框架由智能体、环境和交互规则组成，智能体是独立决策的个体，环境在疏散研究中是指发生疏散行为的场所，交互规则制约着智能体对环境和其他智能体的识别，从而影响结果；而元胞自动模型则是网格动力学模型（曹兴芹，2006），针对简单主体，主体间相互作用表现随时间变化整体疏散行动的演变，为了与人员行为有效结合，采用Agent-based模型能够更好保证其模拟合理性（Kaur等，2022年）。应对多灾害背景的老旧小区，需要疏散软件具有不同状态下的模拟能力，对比现有软件应用范围，Pathfinder和Simulex符合条件，但在应对小区内多尺度现状时，需要软件适用于不同模拟尺度，并考虑到软件的可视效果，选择Pathfinder用于住宅及小区尺度的模拟更为适合（Fan，2022年）。Pathfinder有SFPE和Steering两种仿真模式，SFPE模式中智能体之间不存在相互干扰行为，不会发生拥堵，而在Steering模式下，人员的移动受环境和其他智能体的影响，人流量较大时会产生拥堵现象，更接近现实疏散场景，因此选用Steering模式。

Pathfinder软件可实时获取老旧小区在群体疏散过程中的量化信息，为疏散标识优化策略的提出提供基础的数据支撑。通过Pathfinder软件对各空间原型进行疏散模拟实验，可以获得诸如总疏散时间、人员密度空间分布、人员疏散路径及行进速率、拥堵区域及拥堵持续时长等精细化的实验数据，在此基础上对数据结果进行梳理和分析，识别疏散难点并归纳出疏散机制，将其转化为预案实验的变量构成并构建实验，最终指导疏散标识优化策略的提出。

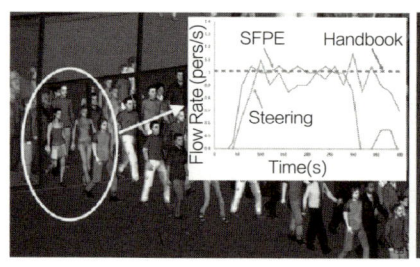 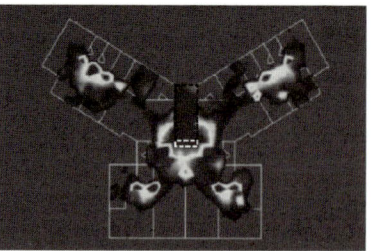

图 1-4　Pathfinder软件界面

对比现有各项疏散仿真模拟软件　　表1-2

软件名称	Simulex	STEPS	Legion	Building Exodus	Pathfinder
应用范围	紧急情况	正常/紧急情况	正常情况	正常/紧急情况	正常/紧急情况
是否接受CAD	是	是	是	是	是
是否可以三维显示	否	是	是	是	是
模拟尺度	中	大中小	大	中大	大中小
算法模型	Agent-based模型	元胞自动模型（CA）	元胞自动模型（CA）	元胞自动模型（CA）	Agent-based模型

1.3　相关概念界定

（1）老旧小区

国内尚未形成统一的老旧小区定义，最早的定义出现在《国务院办公厅关于全面推进城镇老旧小区改造工作的指导意见》中，城镇老旧小区是指城市或县城（城关镇）建成年代较早、失养失修失管、市政配套设施不完善、社区服务设施不健全、居民改造意愿强烈的住宅小区（含单栋住宅楼）。本文所指的"老旧小区"立足于深圳市，特指2000年以前建成的存在建设标准较低、基础设施老化、配套设施不足及缺乏长效管理机制等问题的住宅小区。改革开放后，我国住宅建设量大幅增长，在1979年至1998年的20年间，建成住宅约35亿m^2，目前城市中存量较多的老旧小区主要来自这一时期。这些老旧小区经历了20年以上的使用期，已难以满足现代住宅的安全需求，然而，其建筑寿命通常还有20至30年，因此它是城市进行存量更新的主要对象。深圳市老旧小区多集中于罗湖、福田下步庙和蛇口，随着人口增加，在90年代末开始向"关外"发展。

深圳市老旧小区的住宅建筑形式具有以下特点：80年代初期，深圳的住宅设计基本沿用当时国内的标准和通用模式，主要以6层单元式住宅为主。多层住宅注重实用性，采用中央楼梯间两侧对称布局的平面组织方式。这一时期建成的住区包括园岭住宅区、滨河住宅区、红荔村和莲花二村等。80年代中后期，深圳开始出现少量板式高层住宅，如白沙岭住宅区等（图1-5）。随后，受香港影响，深圳的高层住宅开始根据岭南地区的气候特征，采用点式平面布局。进入90年代，随着城市建设加速、土地有偿使用①和住房制度改革的推进，深圳住宅建设进入了政府主导的福利房与地产商开发的商品房并行发展的局面。福利房仍以多层为主，后期出现了小高层和高层混合的小区，如益田村和默林一村。商品房则主要为高层住宅（图1-6）。此外，境外设计机构的进入，使得商品房的建设标准较福利房更高，如东海花园、百仕达花园和香榭里花园等项目的建设标准远超福利房。深圳早期的居住区规划延续了计划经济时代的设计原则，多采用南北向的行列式布局（图1-7），室外环境设计简单，绿化单一。住宅商品化后，深圳的居住区规划突破了传统南北朝向的局限，采用了围合式布局，并在规划阶段将建筑布局与景观设计相结合，注重庭院景观的作用。深圳率先引进现代景观设计

---

① 1987年，深圳市第一次协议出让国有土地使用权和第一次拍卖出让国有土地使用权，突破了国有土地使用权不允许转让的法律规定，开创土地有偿使用先例。

理念，推动了居住小区室外环境的园林化，确立了"朝向与景观并重"的设计原则。同时，深圳引入了适合本地气候的架空层设计，将底层建筑空间融入园林绿化，形成开放式的公共活动场所，使规划、建筑和景观形成紧密的互动关系。由于境外景观设计公司参与，到了90年代后期，深圳的居住小区景观设计开始成为被广泛关注的亮点，1997年建成的百仕达花园和1990年代末的万科四季花城是这种规划创新的代表性小区。

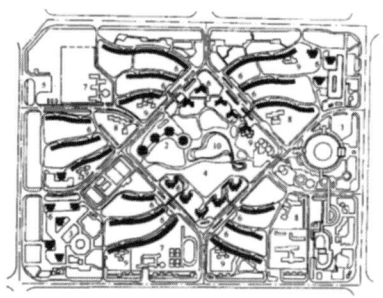

深圳白沙岭住宅区
图片来源：《时代建筑》1985年01期

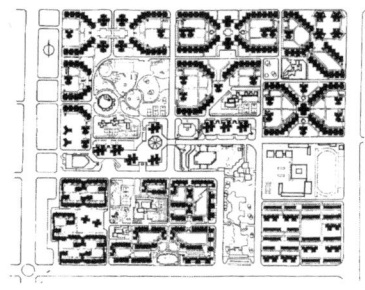

深圳园岭住宅区
图片来源：《住宅科技》1984年07期

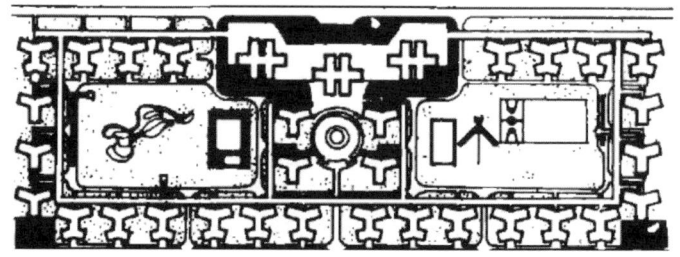

深圳滨河住宅区
图片来源：《建筑学报》1985年05期

图1-5　80年代深圳典型老旧小区

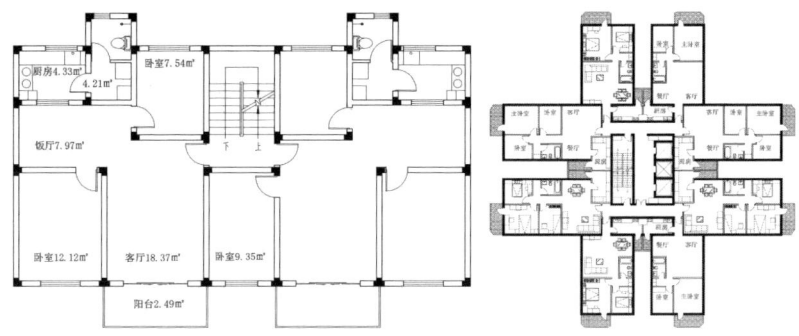

图1-6　1990年代初期深圳典型单元式及住宅高层平面
图片来源：作者自绘

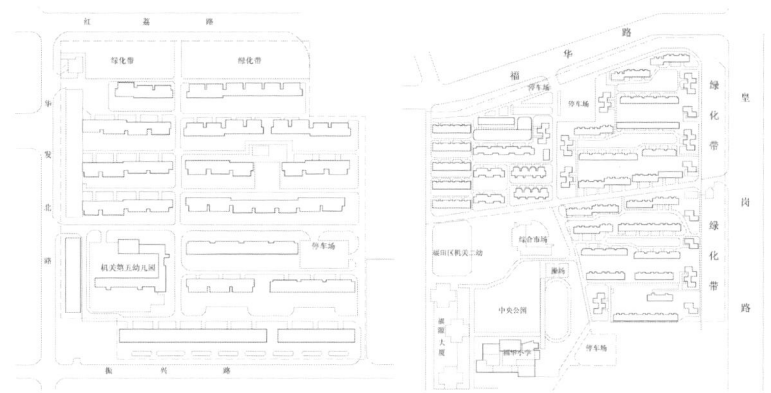

图1-7　红荔村、福华村典型行列式布局
图片来源：作者自绘

（2）应急疏散机制

应急疏散（Emergency Evacuation）是指在受到威胁或者灾难事件发生的情况下，人员由潜在的危险地方到安全地方的转移避难过程。按照避难的地点与主动程度可以分为：①紧急疏散，当紧急事件发生时政府第一时间疏散人群至安全地带；②原地避难，当原地避难比撤离能更好地躲避灾难时采用的避难方式；③驱散，政府为了保护公众的生命和财产安全而采取的强制性紧急撤离居住地的行动。机制（Mechanism）一词最早来源于希腊语，原指机器的构造和工作原理，在《现代汉语词典》第7版中,机制指在客观事物或现象有规律的运动、变化、发展过程中,影响这种运动、变化、发展的各种因素的结构、功能及其相互联系、相互作用的过程、方式和原理。在阐明某一事物的机制时,意味着对它的认识已从现象演进到了本质。本书中的应急疏散机制,指通过量化实验明晰空间场景、人员组织和关键指征(总疏散时长、人员疏散速率、人员疏散路径等)三者的相互影响关系。

(3)应急疏散标识

本书中的应急疏散标识,指在紧急情况下指引人员疏散的导视标识,由指示箭头、提示文字、辅助标志等元素构成,包括疏散通道指示标识、出口指示标识等。标识(Sign),指任何由文字、符号、图形组合形成的视觉展示,用来传递信号或信息。疏散标识是指通过位置、方向、路线等信息来指导空间内人员的行为活动的信息提示系统。按照使用场景的不同,分为常态引导标识系统和应急疏散标识系统(图1-8),常态引导标识系统是在日常情况下引导人员和展示信息的标识,应急疏散标识系统是在紧急情况下引导人员疏散的重要标识。在设计上,前者形式多样,注重美观,而后者有国家规范的强制规定,所以形式单一且鲜少有优化设计。紧急情形下,疏散者因标识指示效应、疏散环境、行为异常等多因素的影响而存在路径选择问题,疏散标识通过传达与疏散信道和应急出口位置有关的方向信息来引导人流,从而提高疏散效率、缩短疏散时间,帮助受灾人员更高效率地逃生到安全地带。

图1-8 常态引导标识系统和应急疏散标识系统

第 2 章
老旧小区疏散体系及其疏散危险性分析

2.1 疏散空间构成及疏散设计问题

本书结合老旧小区人员逃生疏散的行为逻辑和难点，提炼出疏散体系中的四种典型疏散空间：疏散走道、疏散楼梯、安全出口和小区疏散道路。在灾害发生时，住户首先通过户门离开房间，进入疏散走道，沿疏散走道进入疏散楼梯，跟随人群向下行进，直至安全出口（图2-1）。随后，住户通过小区疏散道路，最终经小区出口疏散至外部的集中避难区。疏散走道、疏散楼梯、安全出口和小区疏散道路是疏散体系中的关键区域，尽管它们的空间特点和设计难点各异，但共同决定着小区疏散的整体效率。由于建成年代久远且长期使用，老旧小区存在诸多问题难以满足现行规范，这为其改造带来了很大困难。《深圳市城镇老旧小区改造建设技术指引（试行）》和《广东省城镇老旧小区改造技术导则（试行）》指出，若老旧小区改造不改变使用功能，应遵循现行国家消防技术标准；在条件受限的情况下，应不低于原建设时的消防技术标准。这相当于地方标准为改造提供了灵活性，有利于老旧小区的改造。然而，通过对深圳市老旧小区的调研发现，大多数小区不仅无法满足现行规范，甚至连建成时的标准也难以满足。

（1）疏散走道空间特点和疏散设计难点

疏散走道是连接房间户门与疏散楼梯的区域，通过调研发现，深圳老旧小区的住宅楼多以一梯多户或两梯多户的高密度住宅楼为主，早期住宅以多层为主，房间展开排布，以连廊串联各个房间至唯一楼梯间及唯一安全出口，人员逃生路径单一，方向明确，连廊的平面形式往往呈现出线形，当连廊过长时，还会演变为T形、L形等。当高层住宅出现时，根据疏散设计规范，会增设疏散楼梯口或直接增设一部楼梯，为节省公共交通面积，楼梯居中布置，房间环绕周围，连廊呈现出U形、工字形和回字形，当然也存在少数的一梯两户的多层住宅，这种情况疏散楼梯被直接简化成了休息平台，连廊形式不复存在，这里暂定为无走道类型和点型走道类型（表2-1）。

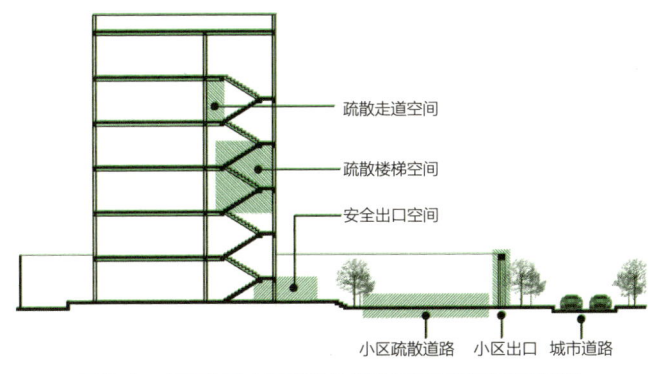

图2-1 老旧小区人员疏散的行为逻辑与疏散空间划分

老旧住宅疏散走道空间类型分类　　　　　　　　表2-1

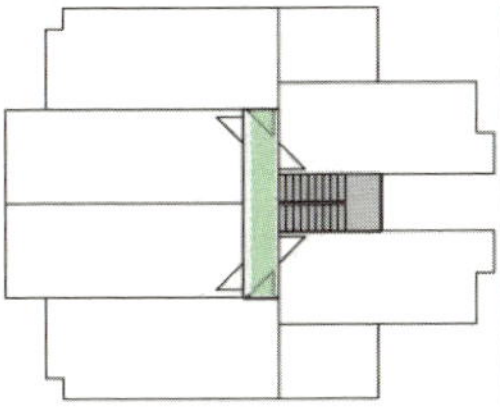 线形走道	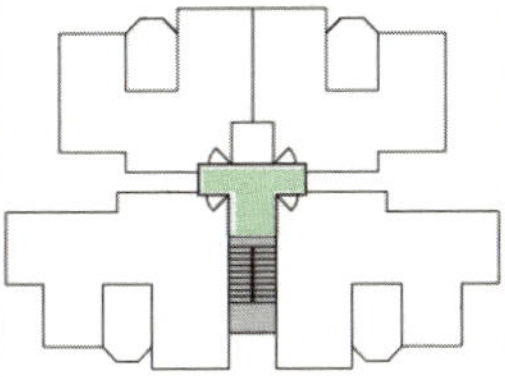 T形走道	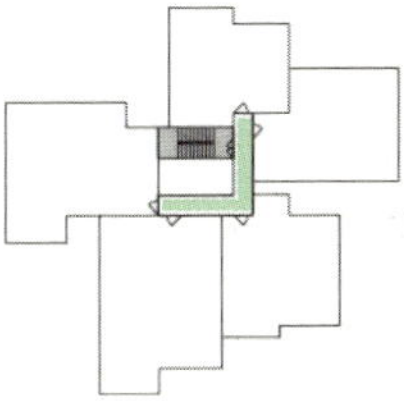 L形走道
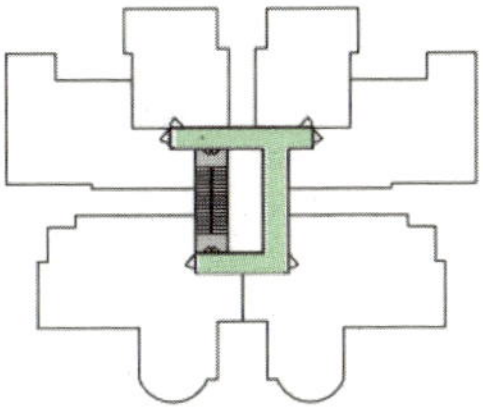 U形走道	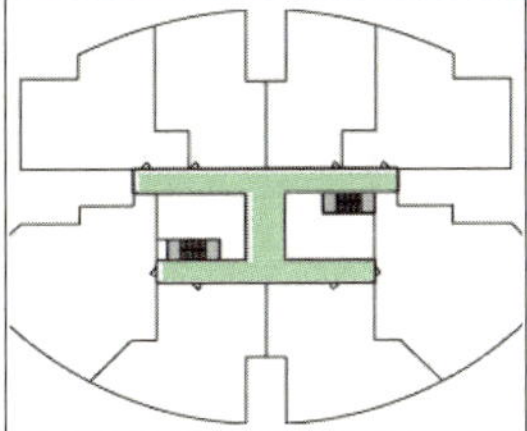 工字形走道	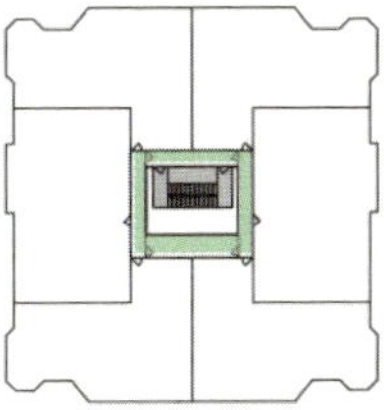 回形走道
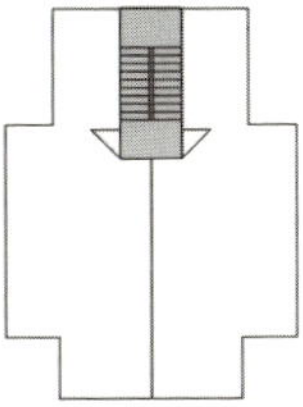 无走道	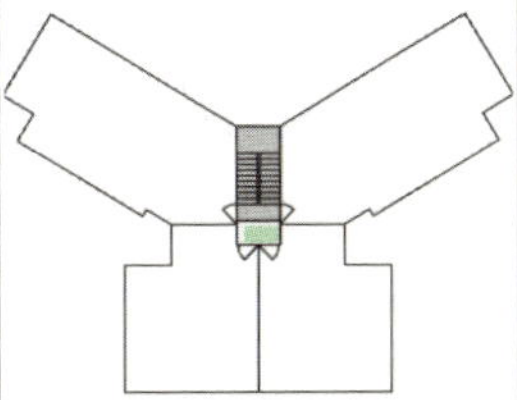 点形走道	

（注：绿色为走道空间）

第2章 老旧小区疏散体系及其疏散危险性分析　15

线形、T形、L形、U形、工字形、回形六种走道类型的空间相对宽裕，但因安全距离过长或安全出口分散依旧存在隐患。调研发现，深圳市老旧住宅部分户门与疏散楼梯距离远远超出规范值[①]，几乎所有疏散走道宽度也不足规范要求[②]。深圳市松泉公寓是线形走道的典型代表案例，其安全疏散距离过远，且走道宽度的尺寸较小，各户在门口摆放鞋架等杂物的场景下，走道的疏散宽度仅剩950mm，紧急疏散场景下容易导致拥堵问题。此外，各户居民私设的外开门导致疏散空间被进一步压缩，以德兴大厦为例，住宅各个楼层走道原1050mm宽，由于堆放鞋架、货柜等杂物[③]，几乎占据走道宽度一半，仅剩下850mm宽的空间用于疏散，一旦户门外开，走道宽度被进一步压缩，有效疏散宽度仅仅剩350mm，远不满足规范所要求的1100mm。无走道类型居民疏散时离开户门直接进入楼梯休息平台空间，但其平台尺寸一般不大于1200mm（进深）×2200mm（宽度），空间十分狭小，易导致大量人员聚集及拥堵发生，使疏散速率大大降低。以深圳市文锦渡海关三院为例，该楼梯休息平台空间尺寸仅为960mm（进深）×2200mm（宽度），同时存在户门外开的情况，使得平台空间被进一步压缩，疏散条件进一步恶化（表2-2）。点形走道的空间尺度相较于无走道类型稍大，但在走道中常见杂物堆积的情况。在紧急疏散时，这些杂物的堆积将极大影响居民的疏散效率，同时也埋下了二次事故的隐患。以深圳市华轩大厦为例，大厦住户普遍将杂物放置在走道中，同时在紧急疏散过程中，人员之间的碰撞容易导致杂物倒塌，从而引发其他继发性事故。

（2）疏散楼梯空间特点和疏散设计难点

疏散楼梯是连接疏散走道与安全出口的区域，也是住户进行垂直疏散的唯一区域。多层住宅疏散楼梯根据梯段数量可分为单跑、双跑及三跑楼梯，楼梯间的平面形态在此基础上还考虑到休息平台的面积及空间

---

① 老旧住宅多为二、三级耐火等级建筑，其最远安全疏散距离不能大于15m（三级）或20m（二级）。
② 根据《建筑防火通用规范》GB 55037-2022要求，疏散走道净宽度不得小于1100mm。
③ 《深圳市城镇老旧小区改造建设技术指引（试行）》要求楼道应该保障消防通道畅通。

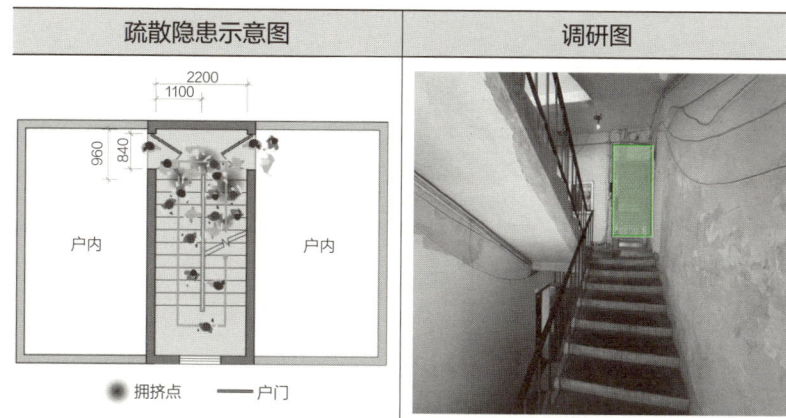

疏散走道存在的疏散问题　　　　　表2-2

问题描述：当各住户加装的外开户门开启时，占据原有的疏散走道空间，降低整体疏散效率

集约性，为此楼梯间的平面形式更加丰富。20世纪90年代开始出现的高层住宅需设两部疏散楼梯，为了节省空间，常将其中一部楼梯设成三跑三角形楼梯或将两部直行单跑楼梯交叉并列布置，因为剖面上看形似剪刀所以也被称为剪刀楼梯（表2-3）。

各类型楼梯的疏散难点主要体现在休息平台和梯段的拥堵问题上。在楼梯休息平台及梯段尺寸设计方面，除了普遍存在尺寸较小的问题外，部分老旧住宅设计时为节省交通空间，过度压缩疏散面积，与现行规范要求差距大，同时居住人数因迭代不断增多，人均疏散面积不断降低，增加了发生二次事故的风险，极大影响整体疏散效率。实际调研显示，所有楼梯休息平台的净宽都未超过1200mm，甚至部分净宽未达到1000mm[①]，此外，部分户门向外开设导致楼梯平台的有效疏散空间被占据，加剧了人员碰撞拥堵的可能。以深圳市新秀小区为例，小区各户在门口加装外开的防盗门，原有的梯段宽度为970mm，当户门向外开启后，原有楼梯梯段平台被户门占据，梯段宽度被压缩至560mm，无法满足常规的一股人流正常通行，居民向下行进疏散时都需侧身才能

---

① 根据相关规范要求，楼梯休息平台的净宽不应小于楼梯梯段净宽，且不得小于1200mm。

住宅疏散楼梯类型分类　　　　　　　表2-3

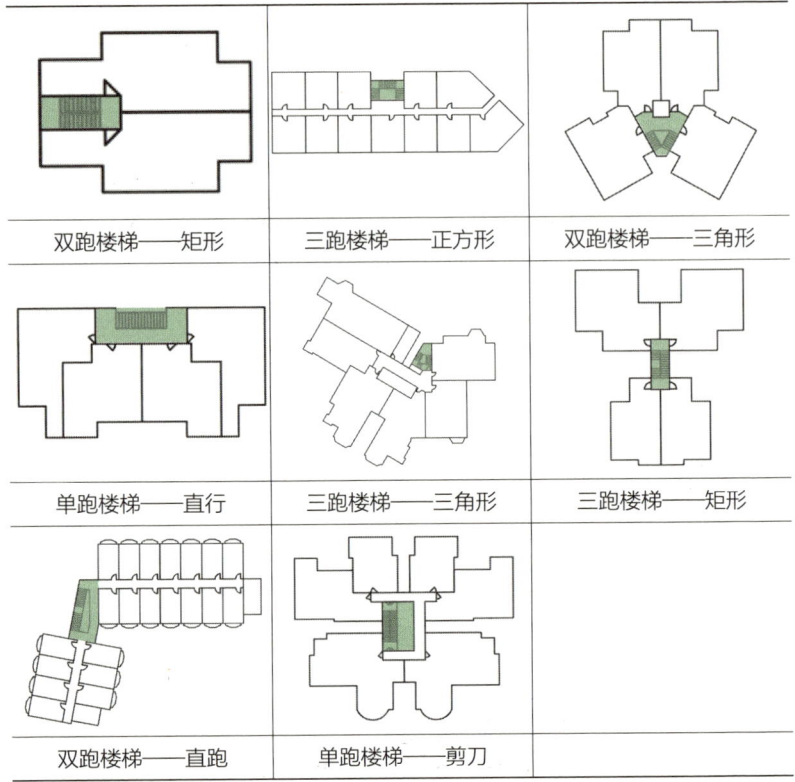

（注：绿色为楼梯空间）

通行。以广东省银行大厦为例，其楼梯休息平台的净宽为690mm，远不能满足规范中最小1200mm净宽的要求。疏散楼梯踏步宽度过小，踏步高度过高，极易带来疏散过程踩空的风险，不满足现阶段规范要求[1]，且难以在空间上重新更新。以深圳市佳宁娜广场为例，实际测量发现其楼梯踏步高度均超过190mm，调研者在进行模拟疏散测试时明显感觉到踩空。在调研广东省银行大厦与德兴大厦时，同样发现其踏步宽度不足230mm，模拟疏散测试中也出现了踩空的情况（表2-4）。

除了上述设计尺寸不合理外，由于老旧住宅更新过程中后期安装的

---

[1] 根据相关规范的规定，楼梯踏步宽度不应小于260mm，踏步高度不应超过175mm。

| 疏散楼梯踏步尺寸不宜 | 表2-4 |

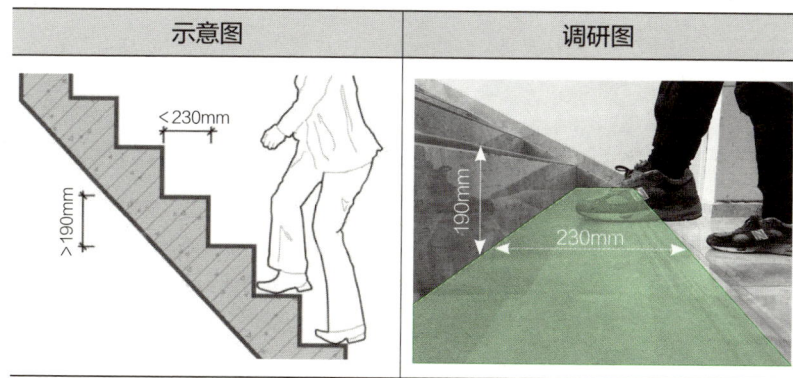

| 示意图 | 调研图 |

消防或电气设备并未考虑消防疏散空间，固定障碍物（如凸出墙体的物体，通常是消防或电气设备箱）占据了休息平台，严重阻碍疏散路径的平顺，加剧了疏散拥堵情况（表2-5）。以深圳市鹏莲花园为例，由于该小区建造时间较早，初始设计考虑不足，在后期更新电力设备时，设备会被安装在楼梯间的梯段墙上，使得原本狭小的梯段宽度进一步受到压缩，电力设备箱的加装不仅占据了空间，其锐利的铁皮棱角也可能对居民造成伤害，在紧急疏散时，密集的人流可能导致触电、设备爆炸等危险情况的发生。

（3）安全出口空间特点和疏散设计难点

安全出口是连接建筑室内外的过渡空间，也是人群疏散过程中的缓冲空间，一般包括住宅首层大堂、通往室外的安全走道、室外休息平台及室外台阶。在安全出口的设置方面，部分老旧住宅仅设置一个安全出口，未满足规范的要求；部分设置两个安全出口的建筑的疏散出口布置未考虑到灾害点的偶然性，两出口间距过近，可能在实际灾害中只能起到一个出口的作用（表2-10）。此外，一些老旧住宅的首层门禁设备未能智能化联动灾害识别，灾时不能保持打开，反而影响了居民疏散效率。例如，在深圳市海富花园中，两个安全出口的位置仅相距8m，如果出口之间发生灾害，居民将必须经过危险区域，极易产生伤亡事故。

在安全出口的形态方面，早期小区未周全考虑住宅与城市公共空间

楼梯休息平台的加装设备和梯段的凸出墙体占据疏散空间　　表2-5

示意图	调研图	
(2200mm / 920mm；户内；障碍物　拥挤点　户门)	问题描述：楼梯间凸出的原始墙体构造压缩了楼梯休息平台的疏散空间	问题描述：楼梯间的消防箱、电箱等占据原有的疏散楼梯空间

的一体化设计，后期更新常会出现显著的室内外地坪高差，部分住宅的安全出口不一定与小区道路或城市道路平顺连接，根据安全出口与小区道路的连接方式，将安全出口的类型分为落地式安全出口与非落地式安全出口（表2-6）。

　　落地式安全出口是指居民通过室内缓冲空间从住宅安全出口门向外疏散后，可直接到达小区道路，根据到达安全出口门前的室内缓冲空间类型又可分为落地直出式、落地走道式和落地大堂式（表2-7）。落地式安全出口与小区道路有较小高差，仅通过一层台阶进行连接，容易导致居民踩空或崴脚，从而增加事故风险（表2-8）。以都市花园为例，其落地式住宅安全出口存在300mm的高差，物业通过增设可移动拆卸的塑料斜坡来解决该问题，然而在紧急疏散时，密集人流可能导致斜坡发生位移。

　　非落地式安全出口则是指居民疏散通过安全出口门后，无法直接到达安全区域或者小区道路，需要通过平台或走道等室外缓冲空间后才能到达，根据室外缓冲空间的平面类型又可分为非落地点式、非落地走道式、非落地环形走道式和非落地平台式（表2-7）。非落地式安全出口的公共平台及其楼梯宽度较窄，均未满足规范所要求的1200mm宽度，楼梯踏步宽度也未满足220mm的规范要求，甚至出现了使用旋转楼梯作为衔接（表2-9），导致人流疏散速度有限，人群拥挤、踩踏甚至人员从平台跳跃逃生等事故的发生。

落地式和非落地式安全出口示意图　　　　表2-6

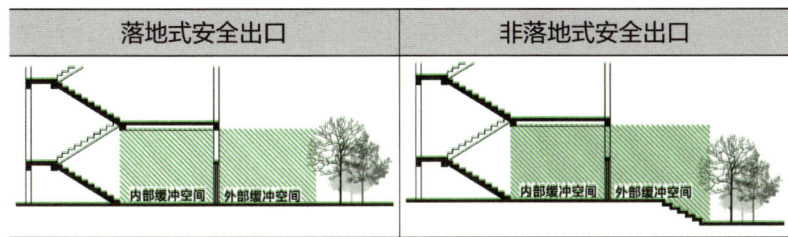

住宅安全出口分类　　　　表2-7

非落地点式	非落地走道式
深圳园岭新村	深圳兰园

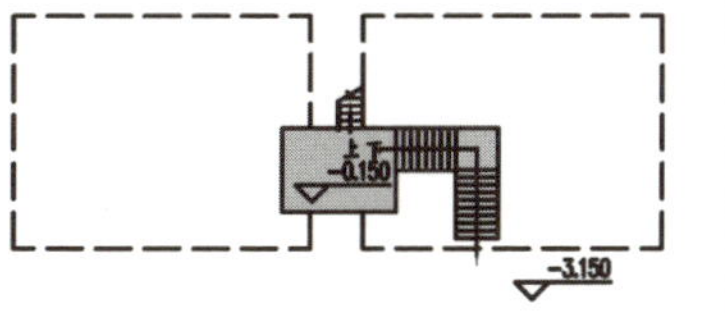

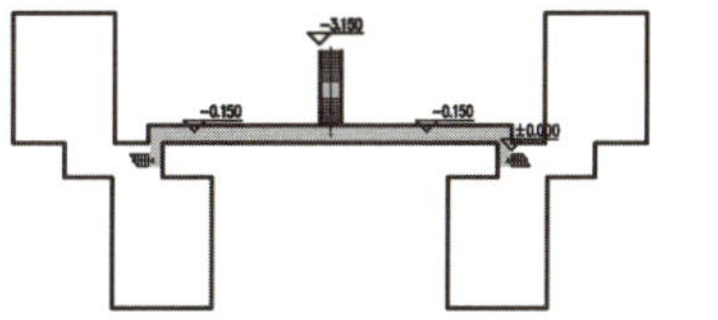

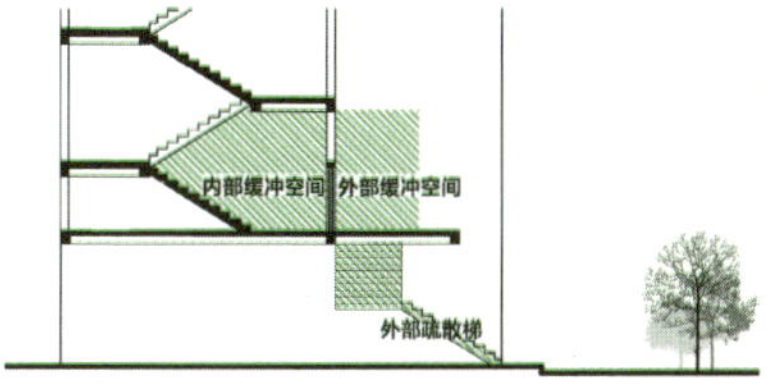

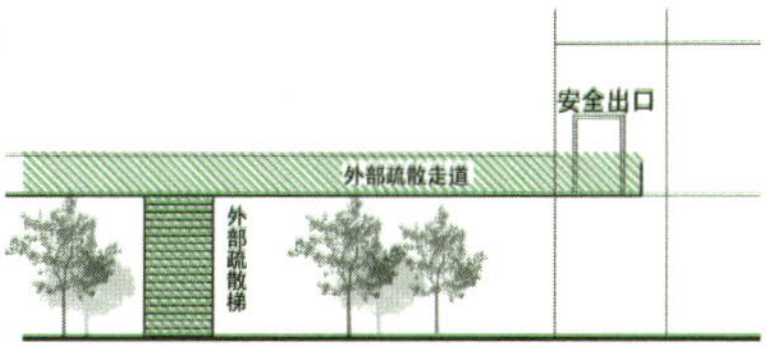

非落地环形走道式	非落地平台式
深圳园岭新村	深圳园岭新村

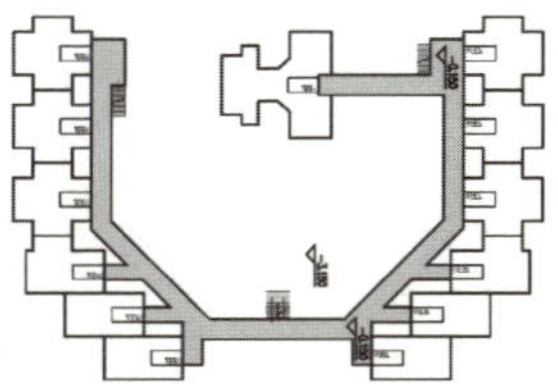

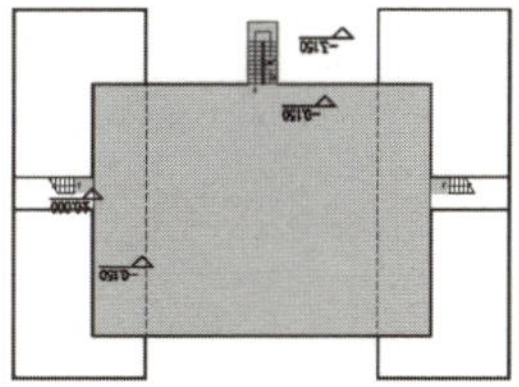

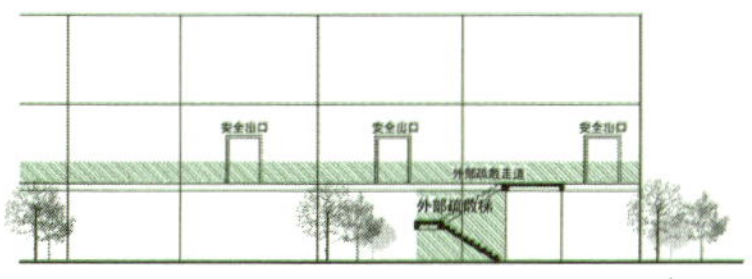

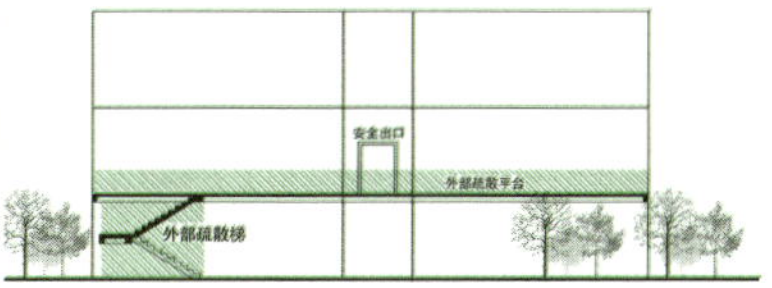

第 2 章　老旧小区疏散体系及其疏散危险性分析

续表

落地直出式	落地走道式
深圳锦滨苑	深圳华侨城东组团

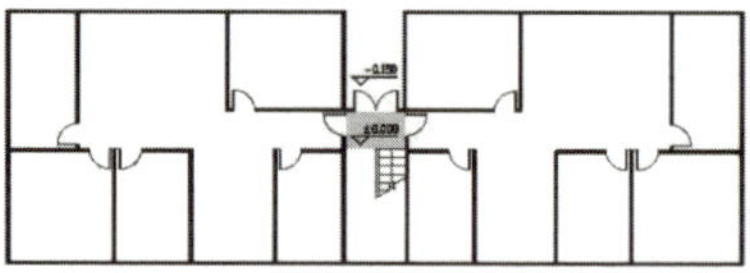

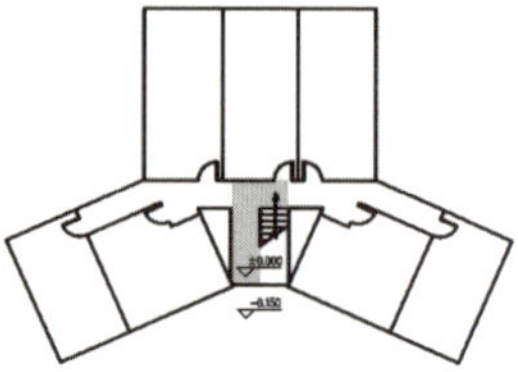

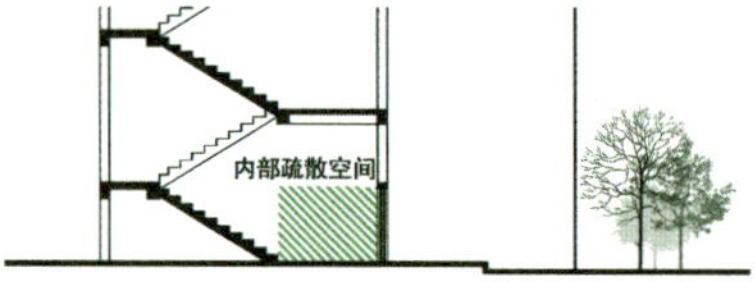

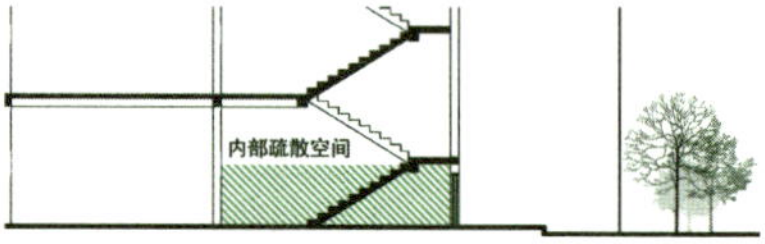

落地大堂式	
深圳鹏益花园	

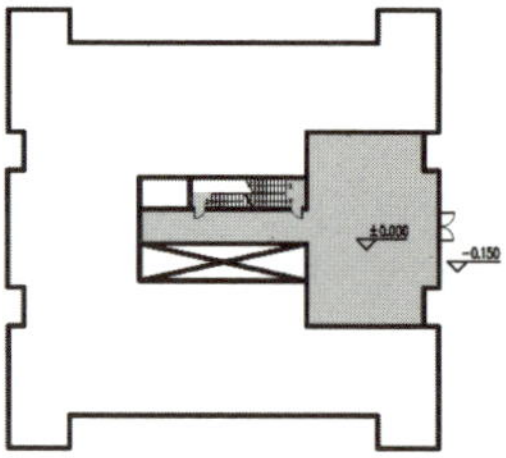

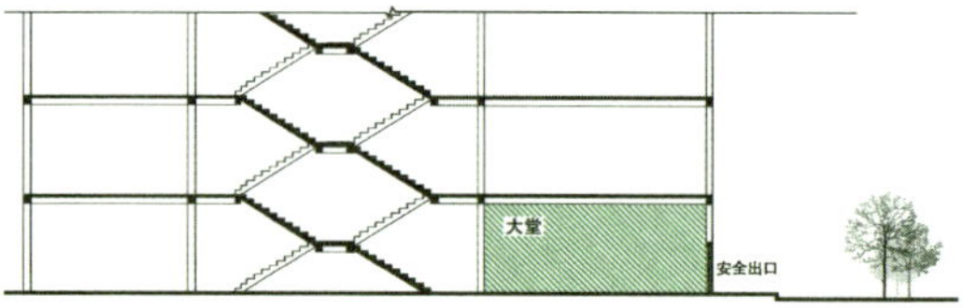

（注：绿色为安全出口空间）

落地式安全出口处细微高差易产生事故　　表2-8

示意图	调研图

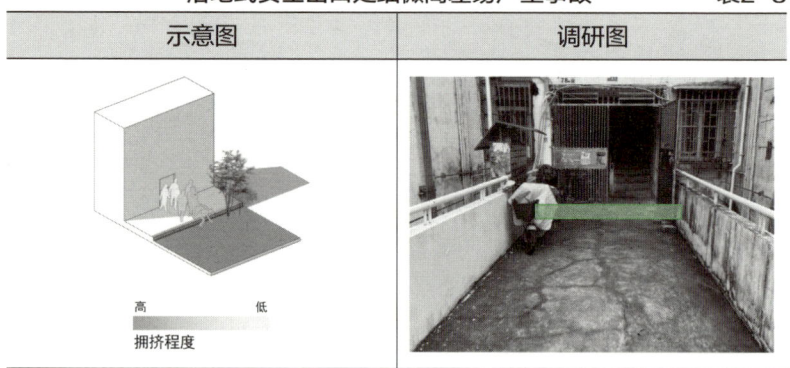

非落地式安全出口处公共平台疏散楼梯尺度不适　　表2-9

落地式与无落地式住宅安全出口影响居民疏散难点示意图　表2-10

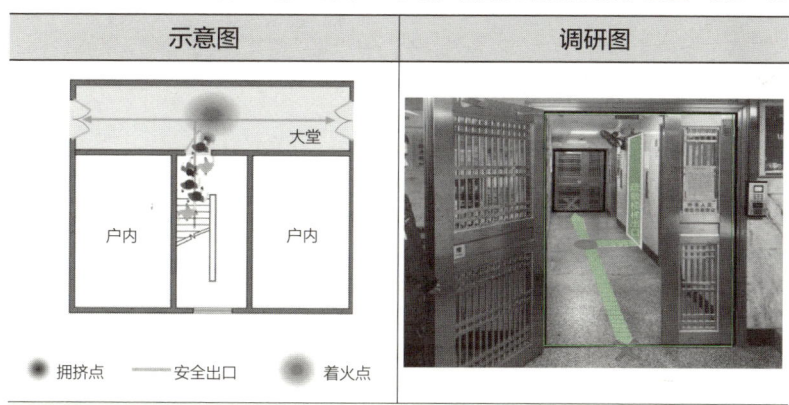

问题描述：两处安全出口距离过近，当危险源出现于安全出口处时，两处安全出口存在同时丧失疏散功能的问题

（4）小区疏散道路空间特点及疏散设计难点

小区疏散道路是居民从住宅单元出口逃出后，快速离开所在小区的必经之路。通过对深圳老旧小区道路调研数据统计以及结合路网结构、道路宽度、建筑布局和出入口设置四方面进行分析，将小区疏散道路分为鱼骨式、内环式、网格式和"Ⅱ"贯穿式四大类型。鱼骨式疏散道路是指小区内部贯通一条主路，各通往住户的支路并联其中，住宅楼群沿主路两侧呈规则阵列排列。内环式疏散道路是指小区内部以一条中心闭

合的环路作为主路，支路由中心环路向四周发散，住宅楼群围绕中心环路进行围合式布置。网格式和"Ⅱ"贯穿式可以看成是鱼骨式的组合演变类型，网格式是指小区以中心两条十字交叉的主路为主，其余支路在该十字路上串联的小区道路形式；"Ⅱ"贯穿式则是指小区内有两条平行的主路，其余支路串联在两条主路上的小区道路形式（表2-11）。

老旧小区道路类型　　　　　　　　　　　　　　表2-11

鱼骨式	网格式
内环式	"Ⅱ"贯穿式

（注：绿色为小区道路空间）

　　鱼骨式疏散道路疏散难点主要表现在分支道路的障碍物和主干道上机动车辆的不合理停放，挤压疏散面积，遮挡小区安全出口。[①]以深圳

[①]《深圳市城镇老旧小区改造建设技术指引（试行）》规定新设停车位不得占用消防通道。

市福乐雅苑为例，原本主干道宽度为6m，但由于停放车辆占据了部分空间，实际可供人流疏散的道路宽度仅约为4m。内环式疏散道路的中心环路一般环绕小区公共活动空间，在疏散时可成为避难空间，但现逐渐被其他配套设施如电动车充电桩、车棚、垃圾回收站等占据，遮挡疏散时人员的视线，并拉长了疏散流线。以深圳市松泉公寓为例，小区中心原本公共空间现被规划为停车场，导致人员在紧急疏散时本可穿越疏散变为只能绕行，使得整体疏散速率变慢。网格式疏散道路对于主次道路的区分并不明显，小区内所有道路宽度相近，容易导致人员汇入主路时发生拥堵，影响整体疏散效率。同时由于建造年代较早，对公共活动空间的设计考虑较少，常出现机动车辆和非机动车辆随意占据小区疏散道路空间的情况。"Ⅱ"贯穿式疏散道路空间狭窄，障碍物占据道路空间、公共空间，小区道路高差大、坡度大。尽管"Ⅱ"贯穿式小区有两条宽敞的主路，但出口通常在两个以上，当发生疏散时，居民从各自居住单元疏散至两条主路时，由于群体性、盲从性等心理，若在出口处排队等待时间过久，会重新选择其他出口，从而使整体疏散时间增加。以深圳市翠竹园小区为例，支路上有大量非机动车随意停放，使本就较窄的道路宽度进一步减小，而主路两侧停满了车辆，使本来8m的主路疏散空间仅剩4m左右（表2-12）。

老旧小区调研图 表2-12

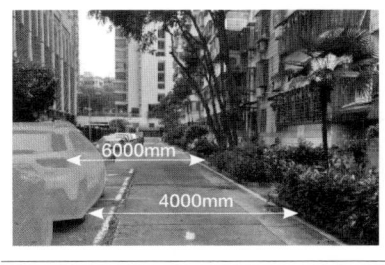

鱼骨式	网格式
问题描述：主干道上机动车辆的不合理停放	问题描述：机动车辆和非机动车辆随意占据小区疏散道路空间

续表

内环式	"Ⅱ"贯穿式
问题描述：其他配套设施如电动车充电桩、车棚、垃圾回收站等遮挡疏散时人员的视线，并拉长了疏散流线	问题描述：疏散道路空间狭窄，机动车辆、非机动车辆等障碍物占据道路空间

2.2 疏散行为及其危险性分析

在分析小区疏散危险性时，需首先考虑"人"的因素，包括"人员生理属性"和"人对空间的使用"（图2-2）。不同年龄段人员在疏散过程中的行为能力差异显著，特别是老年人（60岁及以上）和儿童（15岁以下），因体力差、反应迟缓等原因，需特别关注其在人群中的比例。根据深圳市老旧小区调研，老人、青年人和儿童的比例为6：14：5，弱势群体占比较高，增加了疏散危险性。

老旧小区内居民的自发改造占用了疏散空间，甚至阻断了疏散通道，进一步加剧了疏散风险。例如，深圳市罗湖区文康楼物业监管不力，住户长期占用疏散走道和出口，2至4层被改造为经营性旅馆，进一步增加了疏散难度[①]。住宅内部的"拥堵"问题尤为突出，尽管住户熟悉住宅空间，但走道、楼梯和出口的拥堵严重影响疏散效率。虽然已

---

① 《深圳市城镇老旧小区改造建设技术指引（试行）》规定需确保消防通道通畅。

有寻路标识，但往往被住户忽视，标识无法有效解决问题。在小区外部疏散时，由于路网复杂且缺乏有效指示标识，居民常盲目选择路径，导致疏散低效。此外，老旧小区的疏散标识信息多为静态呈现，无法根据实时情况调整，不能在疏散过程中提供有效指示。例如，深圳市罗湖区聚福花园一期，疏散标识设置不完善，楼梯处出口标识不清晰，影响疏散效率。"安全出口"标识形同虚设。

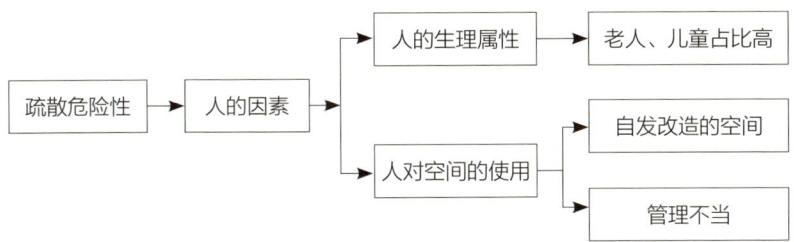

图2-2　人的因素产生的疏散危险性

2.2.1　疏散走道的危险性分析

（1）家庭结伴行为降低整体疏散速率

家庭结伴行为对人员行走速度、人体空间需求的消极作用尤其体现在水平疏散过程中。住宅人员在紧急疏散时主要以家庭为单位结伴疏散，以血缘为纽带的家庭成员在疏散过程中伴随有聚集、相互扶助、沟通交流等行为，具有成员通知、搜寻、聚集、协同行走、返场搜寻等特有过程，宏观上影响疏散主体的决策和行动流程，微观上则主要影响行走速度、人体空间需求两大参数，进而影响整体疏散效果。以亲缘关系组成的群组在走道运动中并排运动，当他们的速度比周围人的速度小时将形成"移动障碍物"[①]。Ma等人在2016年开展实验，研究结伴行为对

---

① Y, Qu, Z. Gao, Y. Xiao, and X, Li, "Modeling the pedestrian's movement and simulating evacuation dynamics on stairs," Safety Science, vol. 70, pp.189−201, 2014.

疏散的影响，发现结伴行为组的平均速度为0.76m/s，小于整体的疏散速度0.87m/s，证明家庭结伴行为会降低整体疏散速率。[1]

（2）违规改建和管理不当导致疏散路径无效

大多数老旧住宅只有一条疏散路径，部分设有两个疏散路径的住宅则存在一个疏散路径无效的情况。一些长廊式住宅有条件设置两部疏散楼梯，形成双向疏散路径；而单元式或塔式老旧住宅通常只能设置一部疏散楼梯，大多采用"疏散楼梯通至屋面且楼栋屋面相互连通"确保有第二条路径可用，提高疏散效率和安全性。"疏散通道无效"指的是由于违规使用和管理不善，使两条疏散路径的其中一条失去效用。具体表现为：①疏散路径被封堵，即户主将多户合并改造成出租屋或旅馆，私自设置铁栅栏、防盗网，甚至上锁（图2-3）；②屋面疏散路径受阻，即使有疏散楼梯通至屋面，但存在大量障碍物，如晾衣杆、盆栽、水管等杂物，且屋面坑洼未能及时修缮和未设照明，严重阻碍灾时人员安全通过屋面疏散[2]。以深圳市宝安区广信花园为例，作为建成时间较早的多层单元式住宅，其设计采用屋面连通的方式形成第二条疏散路径，实际使用过程中则存在通向屋面的门被上锁、屋面堆放大量障碍物从而导致第二条疏散路径失去效用的问题（图2-4、图2-5）。

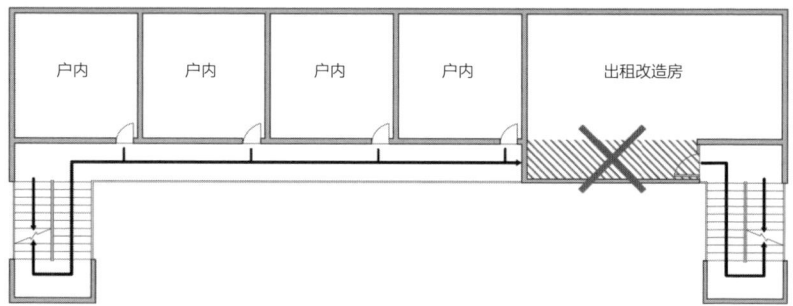

图2-3　长廊式住宅疏散路径无效

---

① MA Y P, LI L H, DING N. Experimental study on evacuation process considering social relation in a tall building[C]//Proceedings of the ASME 2016 International Mechanical Engineering Congress and Exposition. Phoenix, Arizona, USA, November 11–17, 2016.
② 《深圳市城镇老旧小区改造建设技术指引（试行）》规定拆除私搭乱建的建（构）筑物，确保消防通道的顺畅。

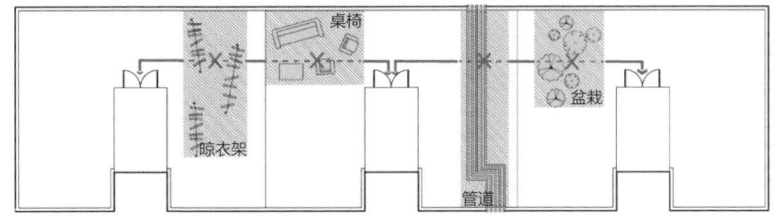

图2-4　屋面相通单元式住宅通屋面疏散路径无效示意图

图2-5　屋面相通单元式住宅通屋面存在私家盆栽、家具、管道、晾衣杆等大量障碍物

（3）障碍物在水平疏散上的危险性

小区公共空间私有化和私人地盘扩大化是常见的管理和使用问题，特别在走道空间，对疏散产生严重不良影响。居民通常在走道上摆放私人物品，如鞋架、自行车、废弃家具等物品[①]，其带来的危险主要体现在两方面：①增加了火灾荷载。老旧住宅通常采用易燃材料如木材、针织、塑料等作为室内装修材料，当这些私人物品放置在户门走道时，易成为火灾发生时火势的蔓延通道，使危害范围进一步扩大。②影响了疏散过程。首先，大体积的固定障碍物占据走道面积，导致可通过人数减少，疏散时间延长；同时走道宽度的突然收缩会形成疏散瓶颈，容易导致拥堵的发生。其次，当障碍物所处位置形成严重拥堵时，部分人员会重新选择其他通道进行疏散，从而增加了其他通道的疏散压力。最后，人员碰撞可能会使未固定的物品倒塌或移动。由于这些尺寸较小的可移动物品不易被人员发现，容易导致碰撞、摔倒等事故发生。以深圳德兴大厦为例，该小区住宅户门口普遍放置鞋架等杂物，几乎占据走道宽度

---

① 《综合减灾社区创建指南》要求居民楼内疏散通道不得被占用、堵塞、锁闭。

的一半，使原本可容纳两股人流的走道仅可容纳一股人流通过；加之该小区存在安装外开户门现象，户门直接开向疏散走道，易与疏散人流发生对撞，使疏散效率进一步下降（表2-13）。

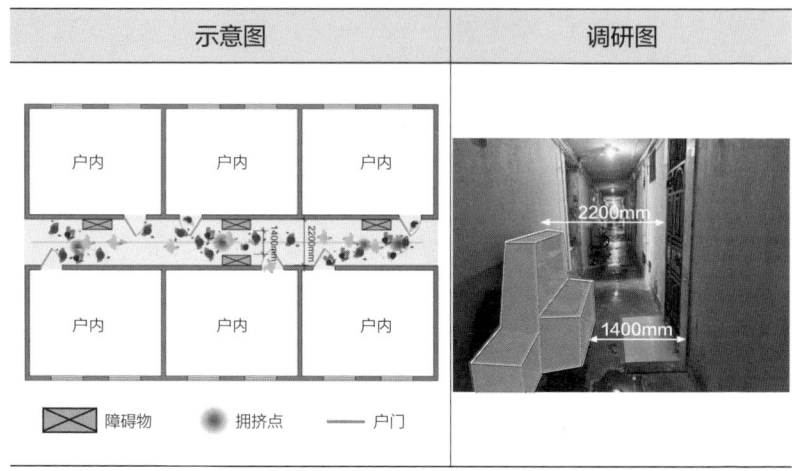

障碍物在水平疏散上的危险性　　　表2-13

（4）走道疏散标识有效性不足

老旧小区普遍存在应急疏散标识设置高度、间隔、亮度不规范，甚至缺失的问题[1]，更重要的是，合规设置的应急标识也面临着有效性不足的尴尬局面。一方面，应急疏散标识设置未严格遵守《应急导向系统 设置原则与要求 第1部分：建筑物内》等相关规范要求[2]，部分应急疏散标志和指示灯受损，如宝安区广信花园和南山区万象新园；部分标识设置位置与疏散方向平行，不符合人员视线观察习惯；部分标识设置高度过高，易受灾时烟气遮挡影响，这些问题都使疏散标识无法发挥其效用

---

[1] 《深圳市城镇老旧小区改造建设技术指引（试行）》5.2.6条，应按现行规范要求维修或更换楼道标识、楼层标识，原有门牌破损、遗失的，应按规定补齐。
[2] 《应急导向系统 设置原则与要求 第1部分：建筑物内》GB/T 23809.1-2020规定，应急导向系统的所有要素在使用时与周围环境的亮度对比应大于3，而且持续时间应不短于无烟雾条件下的疏散时间；公共信息标志和一般的建筑设施标志的颜色应与疏散路线上应急导向系统要素的颜色有显著差异；疏散路线沿途所有安全出口门上的安全出口图形标志应配有向上箭头，表示"由此向前"。

(图2-6)。另一方面,目前符合规范的标识所能提供的信息有限,无法满足实际疏散需求。老旧住宅居民对建筑熟悉度高,灾时通常选择日常路径进行逃生,不存在寻路问题,然而日常路径不一定是灾时最优疏散路径,因此,有效的应急疏散标识应具有帮助人员判断在什么情况、什么时候、往哪个方向逃生的细致指示。尤其是在有两个及以上的疏散路径可供选择的情况下,居民在恐慌等心理作用下依照常规路径逃生甚至可能会步入危险区域,造成群死群伤的事故。对深圳市万象新园中应急疏散指示系统进行分析,发现以下三个问题:①固定、静态的疏散路线示意图在灾时混乱环境和浓烈烟雾中难以被有效识别;②静态、单一的应急疏散标识信息无法应对灾时实时变化的场景,难以指示在特定场景下的正确逃生路线;③火灾显示盘的功能多针对物业管理人员使用,对于逃生群体来说无法直观识别火灾信息。因此,设计一款可以根据灾害现场信息实时调整逃生路线和指示内容的应急疏散标识十分必要。

图2-6　走道标识存在指示灯损坏、标识缺失、位置过高、与疏散方向平行问题

2.2.2　疏散楼梯的危险性分析

(1) 疏散人员年龄不一在竖向混合疏散的危险性

在老旧住宅中,老人、小孩等弱势群体占比较高,由于这部分群体的行动能力较弱,疏散速度较慢,使得他们在快速行进的竖向楼梯疏散中容易成为"移动障碍物",不仅影响整体疏散速率,甚至可能发生踩

踏致伤或致死事故。然而，目前老弱病残孕群体与健康群体在楼梯内混合向下运动对疏散效率产生的影响尚无相关研究。近年来，诸多学者针对楼梯间内人员疏散过程开展研究，组织各类疏散实验以提取分析人员运动特征和疏散影响因素：杨立兵系统地分析了应急情况下楼梯疏散中人员的逃生能力，得出人员性别、年龄、体重等内在属性对楼梯疏散过程的影响[1]；Choi等在1栋50层的住宅楼进行了向上和向下的疏散实验，得到男性和女性的平均下降速度和平均上升速度[2]；樊蕊等对结伴行为下长距离楼梯向下疏散展开实验研究，将男性、女性长距离楼梯向下疏散的速率和男女混合疏散速率比对，发现结伴疏散比个体疏散更有效率[3]。以上研究分别对楼梯间内不同年龄层人群的疏散行为进行了研究，但是在紧急疏散情况下，各年龄层人群同时汇入疏散空间内进行群体混合疏散，不同年龄人群占比不同导致疏散呈现完全不同的疏散规律，并且极大影响了疏散效率。

（2）障碍物在竖向疏散上的危险性

楼梯障碍物对竖向疏散的负面影响体现在：一方面，障碍物使楼梯间占据疏散路径并使疏散空间突然收缩，容易产生拥堵、踩踏等事故。另一方面，堆放于休息平台的杂物可能会遮挡楼梯间排烟窗洞口，从而影响楼梯排烟效果（表2-14）。例如海韵花园部分休息平台处放置鞋柜、废旧家具等大型固定障碍物，压缩了楼梯有效疏散宽度；楼梯处放置的儿童自行车、摇摇车、小型废弃物等小型可移动障碍物，灾时易被踢倒从而诱发踩踏事故。

（3）楼梯疏散标识有效性不足

疏散楼梯间虽然是许多老旧小区唯一设置应急疏散标识的空间，但

---

[1] 杨立兵. 建筑火灾人员疏散行为及优化研究[D]. 长沙：中南大学，2012.
[2] CHOI J H, GALEA E R, HONG W H. Individual stair ascent and descent walk speeds measured in a Korean high-rise building[J]. Fire Technology, 2014, 50(2): 267-295.
[3] 樊蕊，房志明，张俊，等. 考虑结伴行为的长距离楼梯向下疏散实验研究[J]. 武汉理工大学学报（信息与管理工程版），2023, 45（03）: 330-335.

仍存在标识在应急状态下无法识别等问题。例如海韵花园和愉康花园在楼梯平台墙体处标记建筑层数，并在楼梯顶层设置疏散指示牌，指引人群往屋顶方向疏散。然而，大多数楼梯间内的层数标记为不发光贴纸，在日常情况下能够提示人员所处位置，但在紧急情况下，尤其是在弥漫的烟气中，人员无法清晰地观察到疏散标识的位置（表2-14）。部分小区在地上与地下部分共用楼梯间时，未设置明显的区分疏散指示，导致疏散人员在楼梯间地下层与地上层连接处错过疏散出口、误入地下楼层，影响了疏散的连续性和安全性（表2-14）。此外，现有疏散标识未充分考虑弱势群体的疏散需求。突发事件情况下，老人、婴幼儿、残疾人等弱势群体由于疏散行动能力不佳，无法进行及时有效疏散。在楼梯间中，标识的高度是否符合儿童的视域能力、是否设有针对老年人及残障人群的无障碍标识等问题应成为应急疏散标识优化设计需要被关注的内容。

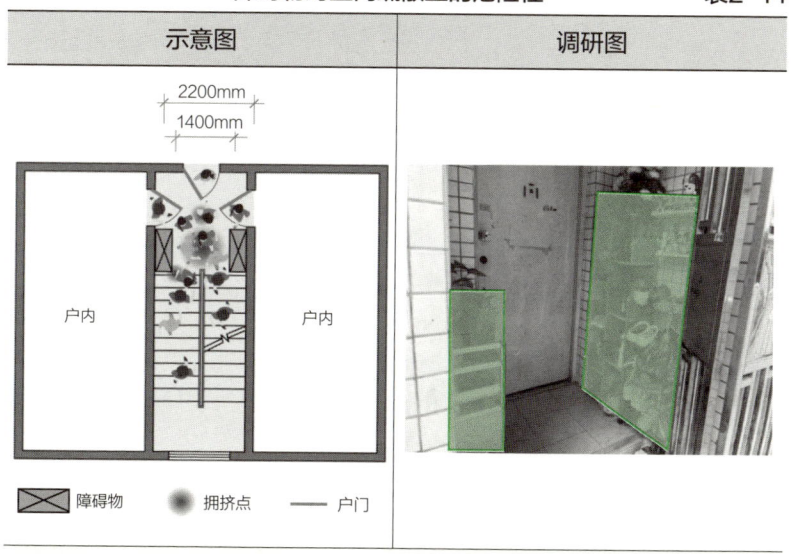

第 2 章　老旧小区疏散体系及其疏散危险性分析

续表

示意图	调研图

问题描述：烟气弥漫情况下，不发光标识失去指示作用

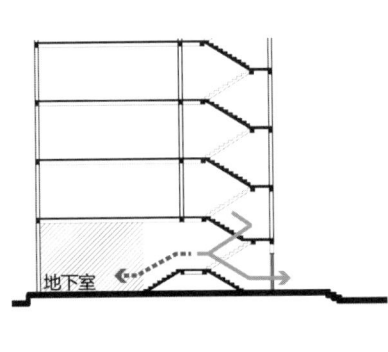

问题描述：地上与地下部分共用楼梯间时，未设明显的区分疏散指示，灾时人员易错过疏散出口、误入地下楼层

2.2.3 安全出口的危险性分析

（1）门禁系统导致安全出口人员释放性弱

大部分老旧住宅首层出入口处设门禁系统，人员需要解锁才能进行出入，然而门禁系统的门一般保持常闭，且具有自动关闭的功能，导致其无法在灾时自动保持常开以持续释放人员疏散，解锁的过程容易造成人员拥堵，影响疏散效率，如罗湖区田心大厦小区、罗湖区裕华小区、福田区光华园、福田区上步码头小区、福田区金福苑小区等。此外，部分小区常闭式防火门缺乏管理和维护，常处于打开状态，同时其闭门器、顺序器等重要部件存在损坏情况，使其不能保证在发生火灾时可以自动关闭以阻断火势蔓延并反馈实时火灾信号（表2-15）。以罗湖区友谊大厦小区为例，其常闭式防火门存在无法闭合的问题，物业未及时进行修缮与处理。

（2）安全出口标识有效性不足

一方面，针对落地式安全出口，现有安全出口标识设计无力解决出口拥堵问题。常规设置于安全出口门上方的安全出口标识牌，非拥挤情况下视力正常的人员可以迅速识别出口位置，而在拥挤情况下则可通过人流流动方向正确判断出口位置，使得用于指示安全出口位置的标识表示其原本的作用，因此，目前住宅内的安全出口指示标识的作用是极其有限的，需增加其他指示功能用于指引疏散。以新阁小区为例，居民通过疏散楼梯疏散至底层后，直接通过落地式安全出口疏散至小区外部道路（表2-15）。另一方面，对于非落地式安全出口，目前的应急疏散标识设计未考虑出口寻路问题。以园岭新村为例，在进行疏散时，居民从住宅内部疏散后到达架空平台，架空平台则连接多部室外楼梯，在密集的人流和复杂灾害环境下，此时居民往往无法判断从哪一部楼梯逃往室外的最佳路径，此时就需要疏散标识根据实时情况提供正确的指引，这是目前标识所缺失的功能（表2-15）。

住宅常闭消防门人员释放问题　　　　表2-15

示意图	调研图
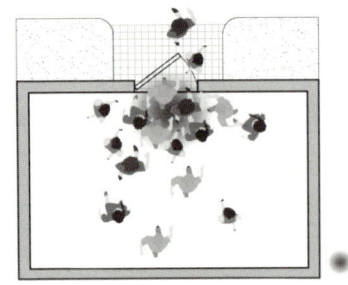 拥挤点	

问题描述：解锁式门禁系统无法自动保持常开，解锁的过程容易造成人员拥堵，无法持续释放人员

	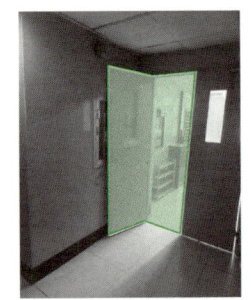

问题描述：常闭式防火门缺乏管理和维护，常处于打开状态

问题描述：落地式安全出口门上方的安全出口标识牌有效性不足

续表

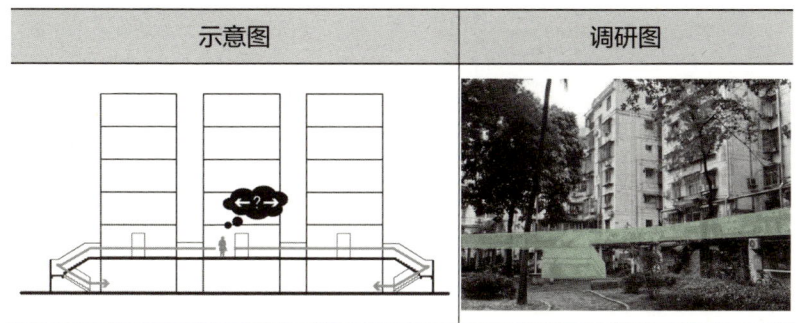

问题描述：非落地式安全出口应急疏散标识设计未考虑出口寻路问题

2.2.4　小区疏散道路的危险性分析

（1）道路侵占、固定设施加装

路网结构、道路宽度、建筑布局和出入口设置等空间要素对小区道路疏散过程的影响毋庸置疑，而道路侵占、固定设施加装等使用管理因素对疏散效率的影响亦不容小觑。调研发现，老旧小区道路空间被障碍物侵占严重，平均侵占率达到总小区道路空间的1/6。其中最为显著的是车辆对于道路的侵占，许多小区疏散道路及小区公共空间沦为停车场，道路有效疏散宽度被极大压缩。以深圳市福乐雅苑为例，其小区的主干道路的宽度约为6m，被大量机动车和电动车长期占据后，被压缩至仅为4m。其次，老旧小区由于建设年代较早、设计理念落后，存在公共空间配套设施不足、可用空地率低等问题，而停车场、电动车充电桩车棚、垃圾回收分类回收站、健身器材等配套服务设施的加装，进一步压缩了疏散救援弹性空间。最后，老旧小区的绿化树大多选用榕树等大型乔木，由于这类型的乔木树干十分粗壮，树冠冠幅巨大，一定程度遮挡了安全疏散时疏散人员的视线，且发达的根系暴露出地面，进一步压缩了小区疏散道路有效面积（图2-7）。

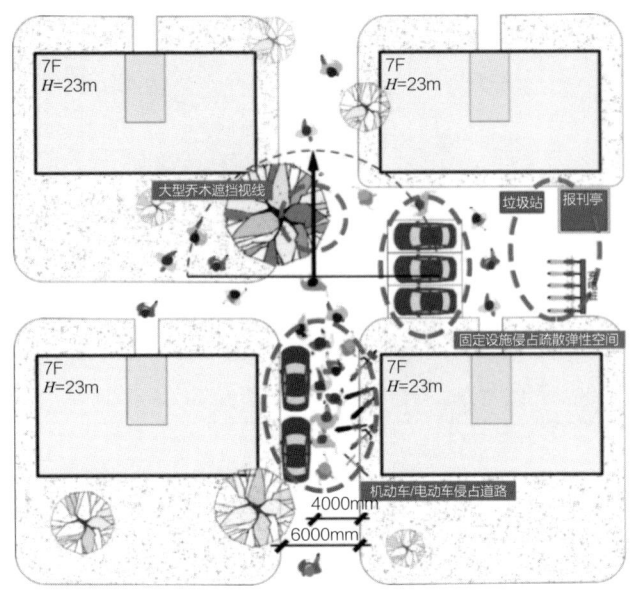

图2-7 小区道路的危险性

（2）疏散标识缺乏、标识指示信息不明

老旧小区普遍存在缺乏疏散标识、标识信息模糊、绿化或疏散人流遮挡疏散指示牌等问题，这些标识问题可能导致：①拥堵加剧。小区缺乏高效的疏散标识指引人群疏散，居民无法获悉周边实时灾害信息，受到盲从心理的影响，容易在路径选择上存在慌乱和从众行为，蜂拥至某些道路和出口，导致道路和出口的人流分布失衡，部分道路和出口拥堵情况严重，而部分道路和出口无人问津，使整体疏散时间延长，提高了次生灾害的发生概率。②寻路困难。对于路径复杂、主次道路多、安全出口多的小区，在进行疏散时，道路发生转折次数多，居民从居住单元疏散至小区主干道路，在主次路交叉路口将面临多路径选择局面，由于缺乏有效引导，容易发生多余寻路行为，从而使疏散路径增长，降低疏散效率。以罗湖区聚福花园为例，其小区道路类型为内环式，疏散道路未设应急疏散标识，灾时居民无法获得任何指引；次要出口隐蔽且未设标识，导致灾时次要出口无法被有效利用（图2-8）。

图2-8 缺乏疏散标识；标识信息模糊；绿化遮挡疏散指示牌；道路适当间隔未设置标识

第 3 章
疏散走道的疏散机制及标识优化

3.1 疏散走道实验方案

前文探讨了老旧小区疏散走道中存在家庭结伴行为降低疏散速度、违规改建影响路径、障碍物占用走道空间、疏散标识不清等问题，因此为了提高疏散效率并确保人员安全，提出相应的应对策略是必要的。针对不同的老旧住宅，需要通过实验深入了解其疏散机制，以制定针对性的优化方案。实验的第一步是根据疏散走道的类型，选择典型住宅并提取几何模型，结合空间数据和人员参数构建疏散场景；第二步是利用疏散模拟软件Pathfinder模拟获取不同场景下的疏散轨迹、人员密度分布和疏散时间，通过数据分析识别疏散难点；第三步是针对这些难点制定优化策略，反复实验验证，以找到最佳方案（图3-1）。

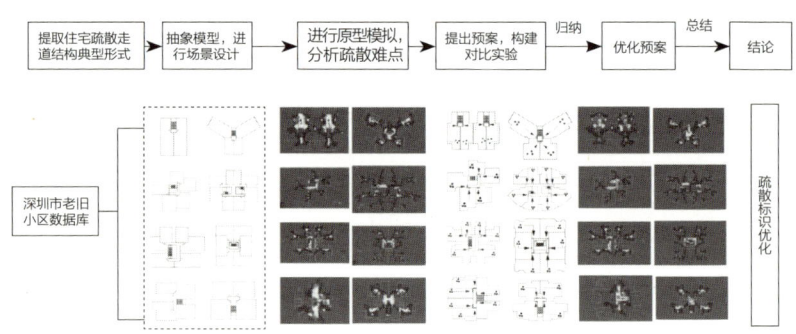

图3-1 实验方案

通过对深圳市老旧小区进行调研与案例收集，选取深圳园岭新村2期、文锦花园、美晨苑、桂园小区、双城世纪大厦、海景广场、四海小区和花园城一期作为不同类型疏散走道的典型代表，通过提取这些住宅的疏散走道空间数据，构建出无走道、T形走道、U形走道、线形走道、回形走道、H形走道、点形走道和L形走道的几何模型。疏散走道及出口的尺寸依据真实情况设置，户型则按照原型设计，详细尺寸见

表3-1。值得注意的是，本研究不考虑居民在使用过程中可能堆放物品对疏散走道的影响，重点讨论走道本身对疏散的作用。

构建住宅几何模型　　　　　　表3-1

走道类型	无走道	点形走道	线形走道	T形走道
几何模型（单位：m）				
住宅类型	多层住宅	多层住宅	多层住宅	多层住宅
出口	1个	1个	1个	1个
梯/户	1/2	1/4	1/6	1/4
走道类型	L形走道	U形走道	H形走道	回形走道
几何模型（单位：m）				
住宅类型	多层住宅	高层住宅	高层住宅	高层住宅
出口	1个	2个	2个	2个
梯/户	1/5	1/3	1/4	1/3

在疏散模拟软件Pathfinder中，通过设置不同疏散能力的人员及其在总人数中的占比，结合真实建筑数据，构建更贴近老旧住宅的疏散场景。考虑到性别和年龄的差异，本研究以疏散速率作为统一的疏散能力标准。根据老旧小区的人口调研，人员疏散速度范围为0.51~1.32m/s，其中1.19m/s代表较好的疏散能力，1.00m/s为一般能力，0.70m/s

第 3 章 疏散走道的疏散机制及标识优化

为较差能力,这三类人员在总疏散人员中的占比分别为24%、56%和20%。人员数量的设置基于调研数据,假设每间卧室有两人,人员初始位置设定在居住空间的中心点,行为模式为"To any exit"(见表3-2)。由于无走道、点形走道、线形走道、T形走道和L形走道对应的住宅多为多层住宅,因此其疏散建筑模型设置为7层,疏散出口1个。而U形走道、H形走道和回形走道对应的住宅则多为高层住宅,因此其模型设置为31层,疏散出口2个。

参数设置　　　　　　　　　　　　　表3-2

内容	参数
人员年龄	2~70岁
人员身高	1.2~1.8m
人员肩宽	0.3~0.45m
人员占比及行进速度	24%疏散能力较好:1.19m/s 56%疏散能力一般:1.00m/s 20%疏散能力较差:0.70m/s
行为模式	To any exit
计算模型	Agent-based
行为模型	Steering
户门宽度	0.9m
疏散出口宽度	1.2m

3.2　疏散走道的疏散机制及难点问题

　　为分析疏散走道疏散时间与楼栋疏散时间的关系,将全楼栋疏散人员离开建筑所需要的总疏散时间定义为楼栋疏散时间,该指标用于评估楼栋整体疏散效率。将最后一个由户门通过走道进入疏散楼梯的人员的疏散时间定义为走道疏散时间,该指标用于判断疏散走道的效率,评估疏散走道对整体疏散效率的影响。同时,提取了人员的疏散路径和拥堵位置，以便后续分析疏散难点。对各住宅疏散走道类型模拟结果如下：无走道的楼栋疏散时间为129.5s，走道疏散时间为22.4s，拥堵主要发生在楼梯与平台的衔接处；点形走道的楼栋疏散时间为287.8s，走道疏散时间为36.9s，拥堵主要发生在走道与楼梯的衔接处；线形走道的楼栋疏散时间为174.5s，走道疏散时间为24.6s，拥堵仍然在走道与楼梯的衔接处；T形走道的楼栋疏散时间为246s，走道疏散时间为33.3s，拥堵同样发生在走道与楼梯的衔接处；L形走道的楼栋疏散时间为228s，走道疏散时间为39.6s，拥堵主要出现在户门附近和走道与楼梯的衔接处；U形走道的楼栋疏散时间为805.3s，走道疏散时间普遍为52.1s，拥堵主要发生在走道与楼梯的衔接处，但在该建筑17层处人员在该层走道停留长达783s，部分人员因疏散楼梯拥堵，借助该层走道去寻找其他出口，进而导致该层走道疏散路径混乱，出现大量疏散人员滞留在该层走道的情况；H形走道的楼栋疏散时间为1306.3s，走道疏散时间为55.9s，拥堵发生在走道与楼梯的衔接处，且两个出口的拥堵程度不同，影响疏散效率；回形走道的楼栋疏散时间为1024s，走道疏散时间普遍为48.1s，拥堵主要发生在走道与楼梯的衔接处，但在该建筑15层处人员在该层走道停留长达825s，部分人员因疏散楼梯拥堵，借助该层走道去寻找其他出口，进而导致该层走道疏散路径混乱，出现大量疏散人员滞留在该层走道的情况（表3-3）。

走道疏散时间在楼栋疏散时间中的占比反映了走道疏散对整体疏散的影响程度，但由于回形（15层）和U形走道（17层）人员在该层长时间停留，导致这两种类型的走道疏散时间占楼栋疏散时间的80%以上，问题最为严重，若改善这两种走道内的疏散将显著提升整体疏散效率。其他类型，如无走道、线形走道、L形走道、点形走道和T形走道，其占比均在10%~20%之间，若能缓解人员拥堵情况，整体疏散效率也有望提升；H形走道的占比约为5%，低于10%，但其两个疏散出口的人流分布不均，拥堵程度差异显著，可针对这一情况作进一步优化。

通过观察人员疏散云图，发现楼梯与走道的衔接处普遍存在拥堵现象，尤其是在U形、H形和回形走道这三种类型中，两个出口的人员分

疏散走道对比模拟实验场景　　　表3-3

实验设定	人群类型：疏散速度较好：一般：较差=6：14：5；楼栋层数：7层；疏散出口数量：1个			
	无走道	点形走道	线形走道	T形走道
变量	总人数：84；每层人数：12	总人数：84；每层人数：28	总人数：84；每层人数：16	总人数：84；每层人数：24
肌理				
走道疏散时间	22.4s	36.9s	24.6s	33.3s
楼栋疏散时间	129.5s	287.8s	174.5s	246.0s
实验设定	人群类型：疏散速度较好：一般：较差=6：14：5；楼栋层数：31层；疏散出口数量：L形1个、U形、H形、回形2个			
	L形走道	U形走道	H形走道	回形走道
变量	总人数：154；每层人数：22	总人数：1116；每层人数：36	总人数：84；每层人数：16	总人数：84；每层人数：24
肌理				
走道疏散时间	39.6s	52.1s	55.9s	48.1s
楼栋疏散时间	228.0s	805.3s	1306.3s	1024.0s

布不均。进一步分析人员疏散轨迹，可以归结为以下两种情况：①当本层的疏散人员仍在走道中且尚未完全进入疏散楼梯时，上层的疏散人员已先行逃生，两组人员在此处汇流，导致拥堵（见图3-2），此种竖向叠加拥堵在点形走道中尤为典型。②当有两个疏散出口时，平面叠加的拥堵情况会更加复杂，导致人流分布不均，部分疏散人员因一个出口拥堵而选择另一个出口，在走道内游走。当疏散人员所处的疏散楼梯过分拥挤时，疏散人员会第一时间通过走道去往另一个疏散楼梯寻求逃生机会，这在U形和回形走道中尤为明显：在U形走道模拟实验中，疏散开始52.1s后大部分疏散人员已经进入疏散楼梯，此时少部分位于中层的人员因拥挤难以进入疏散楼梯便在走道游走，同时部分身处疏散楼梯内的人员因拥挤环境离开自身疏散楼梯进入走道以寻求另一部疏散楼梯疏散，这两股在17层走道汇集，造就了该楼层长达783s的走道疏散时间，混乱的疏散轨迹及更严重的拥堵。回形走道情况类似，大部分疏散人员48.1s后已进入疏散楼梯，但少部分中层因拥挤在走道等待的人员与转换疏散楼梯的人员在15层走道汇集，导致该楼层长达825s的走道疏散时间，混乱的疏散轨迹及更严重的拥堵。

基于现状疏散模拟轨迹，得出走道疏散难点多为疏散出口人员拥挤，疏散人员分布不均，疏散轨迹杂乱等问题，以此为依据提出针对优化预案。根据单一变量原则构建与原型疏散实验场景相同的对比实验，验证优化预案的有效性，在反复验证之后得到最优预案，最终根据最优预案的指标参数为标识的优化做出指导。

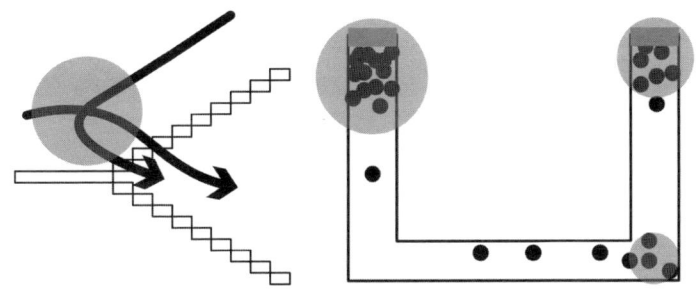

图3-2 竖向叠加拥堵（左）和平面叠加拥堵（右）

3.3 疏散走道疏散优化预案

为解决疏散时人员瞬时从家中涌入走道并进入楼梯导致的拥堵问题，提出错峰分流的猜想，并构建了对比实验以验证该预案（见表3-4）。错峰预案的核心在于让一部分人员先行疏散，而另一部分则在规定时间后再进行疏散，从而减轻走道内的人员密度，使走道宽度能够充分满足疏散需求，提高整体疏散效率。分流预案主要针对具有两个疏散出口的走道类型，规定人员从特定的疏散出口进行疏散，以解决路径杂乱和人员分布不均的问题。根据八种疏散走道的特性，构建了相应的错峰预案，尤其针对U形、H形和回形走道，旨在通过控制走道内的人员密度，合理规划疏散路径，使人员疏散更加有序，进而提升疏散效率。

（1）针对走道疏散出口人员拥挤进行错峰疏散优化预案

通过将户型进行分组，并阶段性地限制人流出行时间，从而解决走道承载能力有限的问题，提高疏散效率。人员的暂停等待时间以整栋楼最后离开走道所需的时间，即走道疏散时间为标准进行设定。对于无走道类型，由于没有独立的走道空间，暂停时间设定为22.4s，以出户时间为标准。U形和回形走道因拥堵导致人员在走道内游走，最后进入疏散楼梯的时间分别为783s和825s。由于大部分时间人员原地不动，因此使用这些时间作为暂停时间会影响实验的准确性。经过计算，U形和回形走道在不拥堵情况下的最长疏散时间分别为52.1s和48.1s，这将作为它们的错峰暂停时间。对于点形、线形、T形、L形和H形走道，错峰时间分别设定为36.9s、24.6s、33.3s、39.6s和55.9s。通过整理老旧住宅楼层平面，对不同户进行编号并分组。依据单一变量原则，实验设定与原疏散实验相同。

通过对比错峰疏散实验和原疏散实验的走道疏散时间及楼栋疏散时间，可以看出无走道、点形走道和线形走道的错峰疏散显著提升了走道疏散效率，并优化了楼栋疏散时间。在走道疏散时间和楼栋疏散时间变

错峰疏散对比实验预案

表3-4

类型	对比实验预案示意图		
无走道	原疏散实验	A户暂停22.4s	B户暂停22.4s
点形走道	原疏散实验	A户暂停36.9s	B户暂停36.9s
线形走道	原疏散实验	A户暂停24.6s	B户暂停24.6s / C户暂停24.6s
T形走道	原疏散实验	A户暂停33.3s	B户暂停33.3s

续表

类型	对比实验预案示意图			
L形走道	原疏散实验	A户暂停39.6s	B户暂停39.6s	C户暂停39.6s
U形走道	原疏散实验无暂停	A户暂停52.1s	B户暂停52.1s	C户暂停52.1s
H形走道	原疏散实验无暂停	A户暂停55.9s	B户暂停55.9s	C户暂停55.9s
	D户暂停55.9s			
回形走道	原疏散实验无暂停	A户暂停48.1s	B户暂停48.1s	C户暂停48.1s

化不大的情况下，也有效改善了疏散过程中的拥堵情况。详细的对比实验数据如下：

1）无走道类型的住宅户型分为A户和B户，对比实验包括原疏散实验、A户暂停22.4s和B户暂停22.4s。对比A、B户的错峰疏散结果与原实验结果发现，两组错峰疏散实验的走道疏散时间相差仅0.4s，与原疏散实验的走道疏散时间相比最多高出0.9s，三组实验走道疏散时间差异较小（见图3-3、表3-5）。疏散密度云图的对比显示，错峰实验在无走道类型楼栋疏散时间略有增长的情况下，显著改善了上部楼层人员的疏散拥挤程度，减少了疏散过程中发生踩踏和碰撞等次生伤害的可能性。

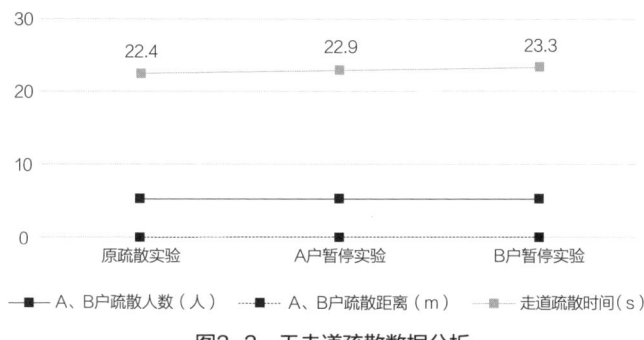

图3-3 无走道疏散数据分析

无走道类型错峰实验结果对比　　　　　表3-5

组别	原疏散实验	A户暂停22.4s	B户暂停22.4s
肌理			
走道疏散时间	22.4s	22.9s	23.3s
楼栋疏散时间	129.5s	133.8s	135.5s

2）对点形走道中对称分布的四户进行分组，分别设定为A户和B户，实验包括原疏散实验、A户暂停36.9s和B户暂停36.9s。对比这三组实验结果，相较于原实验，错峰实验的走道疏散时间略有减少，差异不超过1.8s，楼栋疏散时间最大增加4.7s，差异较小（见图3-4、表3-6）。然而，从疏散密度云图来看，错峰实验显著改善了人员疏散的情况。这进一步证明了错峰疏散能够在整体疏散时间变化不大的情况下，优化疏散肌理。

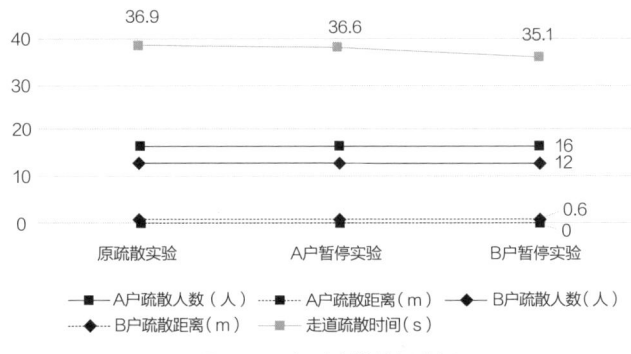

图3-4 点形疏散数据分析

点形走道类型错峰实验结果对比　　　　表3-6

组别	原疏散实验	A户暂停36.9s	B户暂停36.9s
肌理			
走道疏散时间	36.9s	36.6s	35.1s
楼栋疏散时间	287.8s	289.3s	292.5s

3）在线形走道采取错峰疏散策略后，整栋楼的疏散时间变化不大，但走道疏散肌理得到了优化，且疏散时间明显减少。对比A、B、C户的错峰疏散结果发现，邻近走道出口的住户C若暂停24.6s再进行疏散，可以显著降低拥挤程度，走道疏散时间减少8.4s，从而提升走道疏散效率（见图3-5、表3-7）。此外，原疏散实验中，走道与楼梯衔接处常出现拥堵情况，而在错峰疏散中，人员始终保持均匀分布，疏散全程人员停留或拥堵的概率减少。这表明，错峰疏散能够有效优化整层的疏散效率。

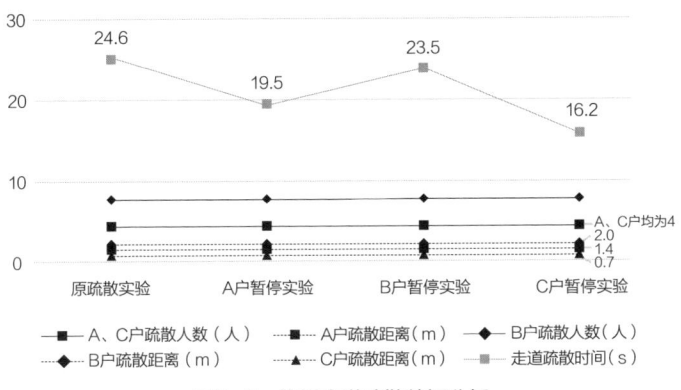

图3-5 线形走道疏散数据分析

线形走道错峰实验结果对比　　　　表3-7

组别	原疏散实验	A户暂停24.6s	B户暂停24.6s	C户暂停24.6s
肌理				
走道疏散时间	24.6s	19.5s	23.5s	16.2s
楼栋疏散时间	174.5s	174.8s	176.0s	173.5s

4）依据T形走道的原型空间布局，将对比实验组分为两组。实验结果显示，相较于原实验，错峰实验的出户时间有所减少。其中，B户暂停33.3s再进行疏散，使得走道疏散时间减少了13s，疏散肌理得到改善，人员保持均匀分布，楼栋疏散时间的差异也较小，仅增加不到4s。对比A、B户的暂停实验，分析走道疏散距离与疏散时间的关系发现，距离走道出口越近的住户暂停疏散时，走道疏散时间越短（见图3-6、表3-8）。

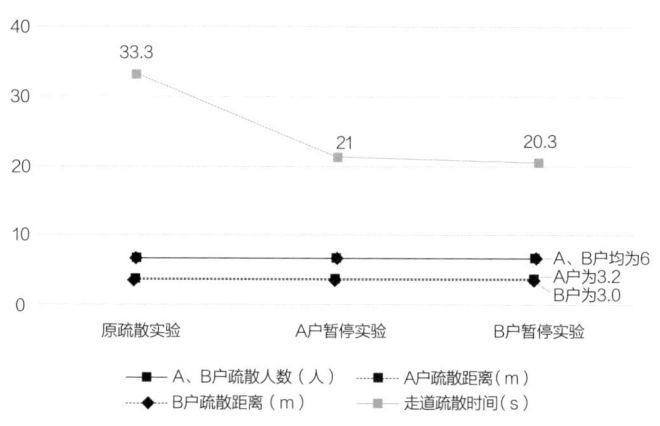

图3-6　T形走道疏散数据分析

T形走道错峰实验结果对比　　　　表3-8

组别	原疏散实验	A户暂停33.3s	B户暂停33.3s
肌理			
走道疏散时间	33.3s	21.0s	20.3s
楼栋疏散时间	246.0s	246.0s	249.5s

5）依据L形走道的原型空间布局，按照距离走道出口的长短将住户分为A户、B户和C户，各自分别暂停36.9s并与原疏散实验对比。对比四组实验结果发现，错峰实验中，走道疏散时间减少最多的是A户，缩短了12.7s，而楼栋疏散时间的差异不超过±2s。对A、B、C户的暂停实验进行分析，验证了距离走道出口越近的住户暂停疏散时，走道疏散时间越短的结论（见图3-7、表3-9）。

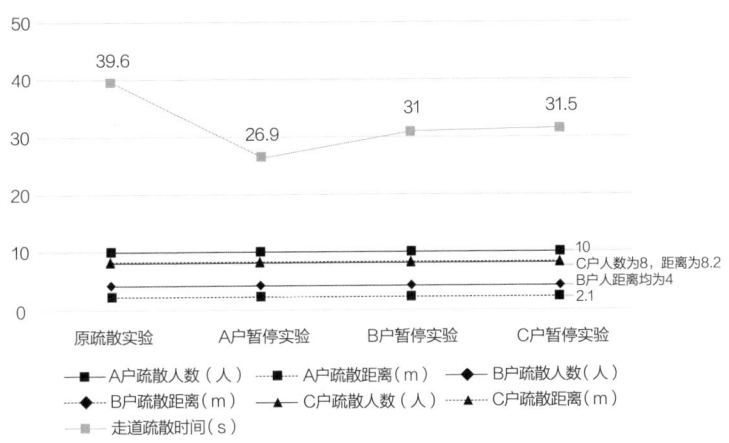

图3-7　L形走道疏散数据对比

L形走道错峰实验结果对比　　　　　表3-9

组别	原疏散实验	A户暂停39.6s	B户暂停39.6s	C户暂停39.6s
肌理				
走道疏散时间	39.6s	26.9s	31.0s	31.5s
楼栋疏散时间	228.0s	229.0s	227s	227s

6）依据U形走道的原型布局，将住户分为A户、B户和C户，各自分别暂停52.1s并与原疏散实验对比。U形走道常见于高层老旧住宅的两梯多户布局，疏散路径至走道出口的最长距离为7.2m。对比实验结果显示，相较于原实验，C户的走道疏散时间减少最多，缩短了12.7s，其中A、B户暂停实验楼栋疏散时间的差异不超过±5.5s，C户暂停楼栋疏散时间增加21.5s。进一步对比A、B、C户的暂停实验，验证了距离走道出口越近的住户暂停疏散，越有利于缩短走道疏散时间（见图3-8、表3-10）。在观察楼栋疏散过程中，两台楼梯因缺乏疏散前室而导致人员重新回流进入走道现象。其中，17层的走道疏散时间持续最久，达到783.0s，推测走道出口人员分布不均及疏散轨迹杂乱是造成该现象的原因。

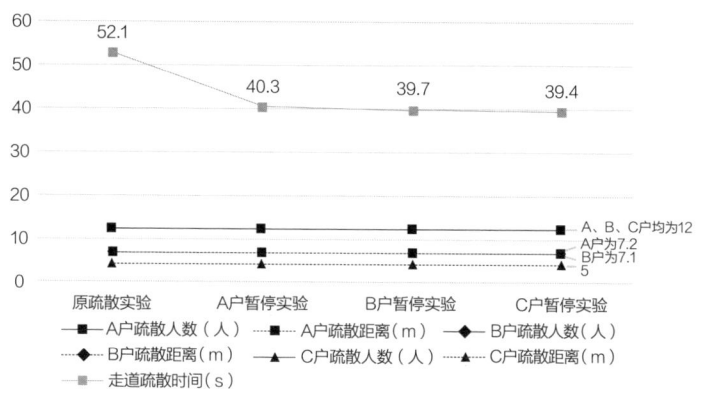

图3-8 U形走道疏散数据对比

U形走道错峰实验结果对比　　　　　　　　　表3-10

组别	原疏散实验	A户暂停52.1s	B户暂停52.1s	C户暂停52.1s
肌理				
走道疏散时间	52.1s	40.3s	39.7s	39.4s
楼栋疏散时间	805.3s	807.5s	799.8s	826.8s

7)将H形走道的八户分为A户、B户、C户和D户,各自分别暂停55.9s并与原疏散实验对比。H形走道在U形走道的基础上,横向走道长度增加,整体长度达到44m,常见于高层老旧住宅的两梯多户布局,且H形走道拥有独立前室,使得人员进入疏散楼梯的路径更加清晰。对比实验结果显示,相较于原实验,错峰实验的走道疏散时间均有减少,其中A户的时间缩短最多,达到20.6s;楼栋疏散时间普遍减少,其中A户的时间缩短最多,达到93s。B户的走道疏散时间和楼栋疏散时间略有减少,分别减少了4.2s与41.8s,C户的走道疏散时间和楼栋疏散时间分别减少了14.2s和18.0s,D户的走道疏散时间和楼栋疏散时间分别缩减了18.0s和29.0s。

进一步对A、B、C、D户的暂停实验进行分析,发现了距离走道出口较近的住户暂停疏散有助于缩短走道疏散时间及楼栋疏散时间(见图3-9、表3-11)。在观察楼栋疏散过程中,由于楼梯设有前室,楼梯空间相对独立,没有出现人员重新回流进入走道的现象。可以推测,在出口人员分布相对均匀、轨迹不杂乱的情况下,错峰疏散有利于缩短疏散时间。

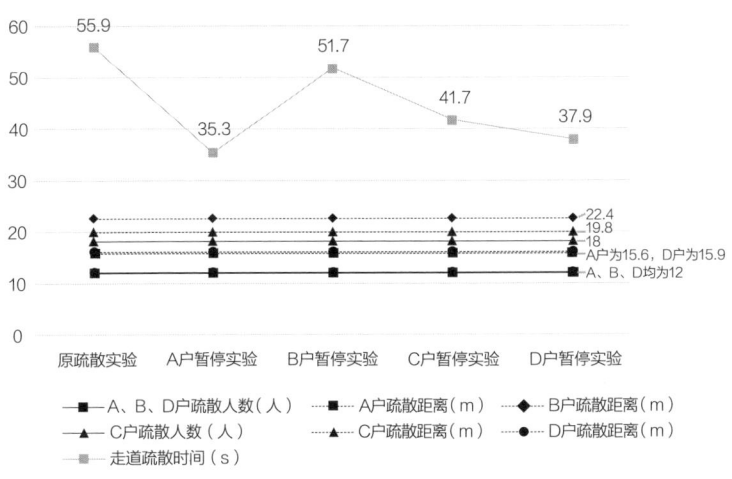

图3-9　H形走道疏散数据对比

H形走道错峰实验结果对比　　　　　表3-11

组别	原疏散实验	A户暂停55.9s	B户暂停55.9s	C户暂停55.9s
肌理				
走道疏散时间	55.9s	35.3s	51.7s	41.7s
楼栋疏散时间	1306.3s	1213.3s	1264.5s	1288.3s

组别	D户暂停55.9s			
肌理				
走道疏散时间	37.9s			
楼栋疏散时间	1277.3s			

8）依据回形走道的原型布局，将六户分为A户、B户和C户，各自分别暂停48.1s并与原疏散实验对比。回形走道在U形走道的基础上，横向走道长度增加至17.0m，常见于高层老旧住宅的两梯多户布局，同时设有公用楼梯疏散前室。对比实验结果表明，错峰实验遵循距离走道出口较近的人员暂停疏散效率优化的规律，其中A户距离走道出口最近为3m，走道疏散时间缩短了14.5s，楼栋疏散时间减少了17s。进一步分析A、B、C户的暂停实验，验证了距离走道出口近的住户暂停疏散有助于缩短走道疏散时间和楼栋疏散时间（见图3-10、表3-12）。在观察楼栋疏散过程中，由于两台楼梯共用前室，出现了人员重新回流进入走道的现象。其中，15层的走道疏散时间持续最久，达到825.0s，推测可能是由于走道出口人员分布不均及疏散轨迹杂乱所致。

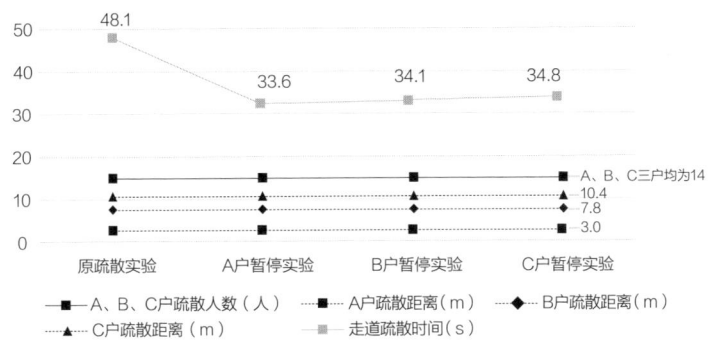

图3-10 回形走道疏散数据对比

回形走道错峰实验结果对比　　　　　　　表3-12

组别	原疏散实验	A户暂停48.1s	B户暂停48.1s	C户暂停48.1s
肌理				
走道疏散时间	48.1s	33.6s	34.1s	34.8s
楼栋疏散时间	1024.0s	1007.0s	1016.3s	1022.0s

总结以上八种走道类型的疏散规律，可以得出以下几点：①走道越长，错峰疏散的效果越明显。对比走道长度与错峰疏散时间关系图（图3-11）发现，随着楼栋走道长度的增加，原疏散与最优错峰疏散实验的走道疏散时间差增加，走道长度与错峰疏散效果呈正相关关系，这表明较长走道中采取错峰疏散策略能够显著缓解拥挤情况。②错峰疏散有利于缓解走道拥挤程度，且距离走道出口越近的住户暂停疏散更有利于走道疏散时间及楼栋疏散时间的缩短。③人员回流现象：U形和回形走道发生了疏散人员借用走道空间的现象，这可能是由于缺乏有效的疏散

指引，导致人员分布不均和疏散轨迹杂乱，从而引发回流现象。综上，错峰疏散策略在优化疏散效率和缓解拥挤情况方面表现出良好的效果。

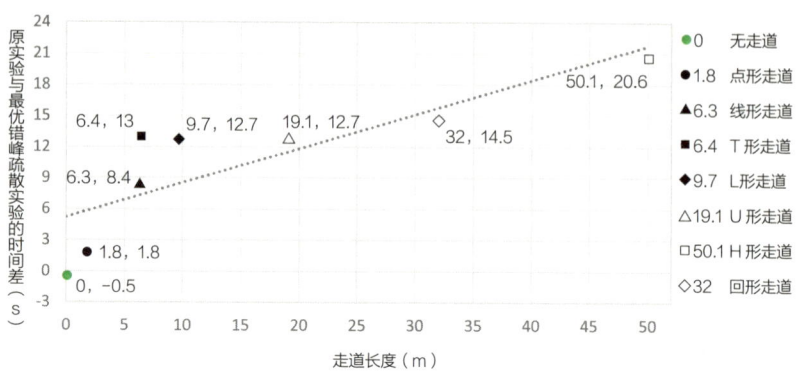

图3-11 走道长度与错峰疏散时间关系图

（2）针对人流分布不均、疏散轨迹杂乱进行疏散优化预案

通过对户型进行编号，并标记不同的走道出口（见表3-13），为每一户疏散人员指定明确的出口，规划出清晰的疏散路径，以解决因出口选择导致的人员分布不均和路径杂乱问题。多次对比模拟后，得出最优的人员分流比例。在U形、H形和回形走道中，由于通常存在两个出口，缺乏有效的疏散指引时，各出口易出现人流不均的现象。人员的疏散轨迹可能出现交错、杂乱和迂回，进而导致部分走道出口拥挤，疏散轨迹延长，疏散速度减缓等问题。通过对各分流方案的走道疏散最长时

U形、H形及回形走道分户编号			表3-13
	U形走道	H形走道	回形走道
编号	（图：U形走道户型编号1-6，中间A、B）	（图：H形走道户型编号1-8，中间A、B）	（图：回形走道户型编号1-6，中间A、B）

60　老旧小区应急疏散与标识

间进行比较，得出最佳的疏散人流分布方案。实验变量设定为不同户的人员从不同出口进入，起步采用同时疏散，以保证人流分布实验的实际有效性。其余实验设定与原疏散时间相同（见表3-14）。此方案旨在优化人员疏散路径，提高整体疏散效率。

1）对U形走道的出口及户型进行编号，设置8组实验。U形走道连接楼梯且没有楼梯疏散前室，疏散楼梯多为剪刀梯。由于走道出口两侧邻近的户数不同，疏散人员分布容易不均，导致走道疏散时间延长。

模拟实验过程中，记录到的疏散时间数据表明，当走道出口人员分布相对均匀时，走道疏散时间较原实验减少3.5s，楼栋疏散时间也减少2.8s。而在其他非均衡疏散的对比实验组中，走道疏散时间和楼栋疏散时间均有增加（见图3-12、表3-15）。这一实验结果表明，人员分布均衡地通过出口对于缩短疏散时间具有积极作用。

走道疏散人流分布实验预案　　　表3-14

类型	人流分布实验预案示意图			
U形走道	原疏散实验	123456走A	12345走A；6走B	1234走A；56走B
	123走A；456走B	12走A；3456走B	1走A；23456走B	123456走B

续表

类型	人流分布实验预案示意图			
H形走道	原疏散实验	12345678走A	1234567走A；8走B	123456走A；78走B
H形走道	12345走A；678走B	1234走A；5678走B	123走A；45678走B	12走A；345678走B
H形走道	1走A；245678走B	12345678走B		
回形走道	原疏散实验	123456走A	12345走A；6走B	1234走A；56走B
回形走道	123走A；456走B	12走A；3456走B	1走A；23456走B	123456走B

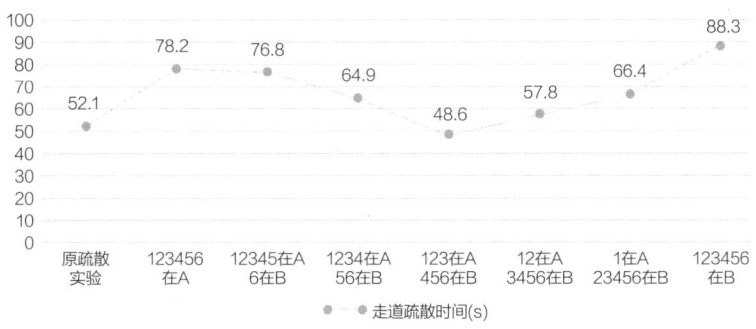

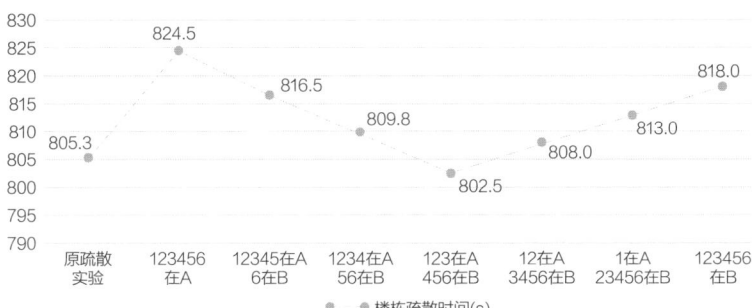

图3-12 U形走道人流分布实验数据对比

U形走道人流分布实验结果对比 表3-15

组别	原疏散实验	123456走A	12345走A；6走B	1234走A；56走B
肌理				
走道疏散时间	52.1s	78.2s	76.8s	64.9s
楼栋疏散时间	805.3s	824.5s	816.5s	809.8s

第 3 章 疏散走道的疏散机制及标识优化　63

续表

组别	123走A；456走B	12走A；3456走B	1走A；23456走B	123456均走B
肌理				
走道疏散时间	48.6s	57.8s	66.4s	88.3s
楼栋疏散时间	802.5s	808.0s	813.0s	818.0s

2）根据H形走道原型住宅所对应的两梯八户，将实验分为10组实验。对比实验结果显示，当两个走道出口的人员数量均匀时，走道疏散时间相比原实验缩短了9.5s，而楼栋疏散时间变化不大，增加不到4s。在非均衡疏散的对比实验组中，走道疏散时间和楼栋疏散时间均有所增加（见图3-13、表3-16）。这一实验结果进一步证明，人员流动的均匀分布对疏散时间具有显著影响。

3）将回形走道的实验分为8组。回形走道衔接楼梯共用疏散前室，两部楼梯之间通过疏散前室连接。由于走道出口均在一侧且两侧邻近的户数相同，人员选择出口时可能导致不均匀的分布。本轮实验所有对比组走道疏散时间均比原实验增加了，但1、2户选择A出口，3、4、5、6户选择B出口时，没有出现人员重新进入走道的情况。当人员分布均衡时，楼栋疏散时间减少了15s。其余非均衡疏散的对比实验组走道疏散时间和楼栋疏散时间均有所增加（见图3-14、表3-17）。

总结U形、H形和回形走道的人员分布实验规律，可以归纳出有效的疏散预案。①在U形走道中，当AB出口的疏散户数均分时，走道的最长疏散时间缩短至48.6s。这比仅有一个安全出口的实验组减少了39.7s，且由于人员分布均匀，楼梯疏散时的人员密度相对均一，避免了从楼梯重新进入走道的情况。②对于H形走道，当出口的疏散户数均分时，走道

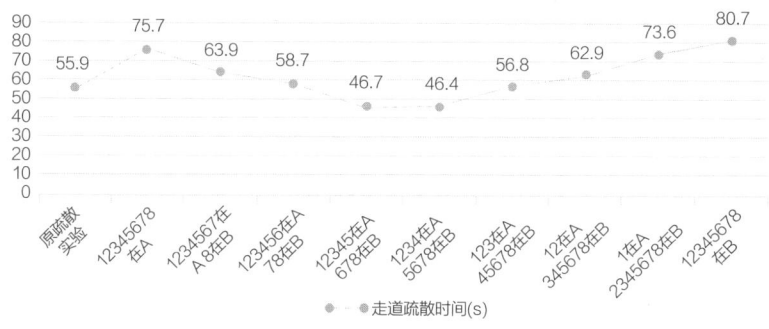

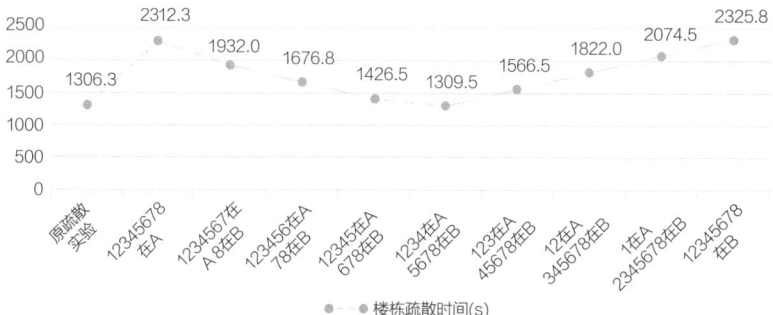

图3-13 H形走道人流分布实验数据对比

H形走道人流分布实验结果对比　　　表3-16

组别	原疏散实验	12345678走A	1234567走A；8走B	123456走A；78走B
肌理				
走道疏散时间	55.9s	75.7s	63.9s	58.7s
楼栋疏散时间	1306.3s	2312.3s	1932.0s	1676.8s

第 3 章 疏散走道的疏散机制及标识优化　　65

续表

组别	12345走A；678走B	1234走A；5678走B	123走A；45678B	12走A；345678走B
肌理				
走道疏散时间	46.7s	46.4s	56.8s	62.9s
楼栋疏散时间	1426.5s	1309.5s	1566.5s	1822.0s

组别	1走A；2345678走B	12345678走B
肌理		
走道疏散时间	73.6s	80.7s
楼栋疏散时间	2074.5s	2325.8s

的疏散时间为46.4s，比仅有一个安全出口的实验组减少了34.3s。值得注意的是，当两个出口的人员分布不均时，走道的疏散时间会显著增加。
③在回形走道的实验中，虽然也存在人员重新进入走道的情况，但与U形走道相比，有所不同。当1、2户在A出口疏散，3、4、5、6户在B出口疏散时，走道的最短疏散时间为69.1s。通过对比均分组和最短时间组的人员疏散轨迹，发现走道与楼梯的衔接处拥堵时间不同导致了走道疏散时间的差异。均分组在衔接处的拥堵时间比最短时间组增加了27.4s。尽管均分组的通行距离短，但由于无法及时进入走道，导致了走道疏散时间的增加。通过以上分析，可以为有效疏散提供以下建议：确保出口人员均衡分流，增加疏散指引，以及定期进行疏散演练，以提高居民对疏

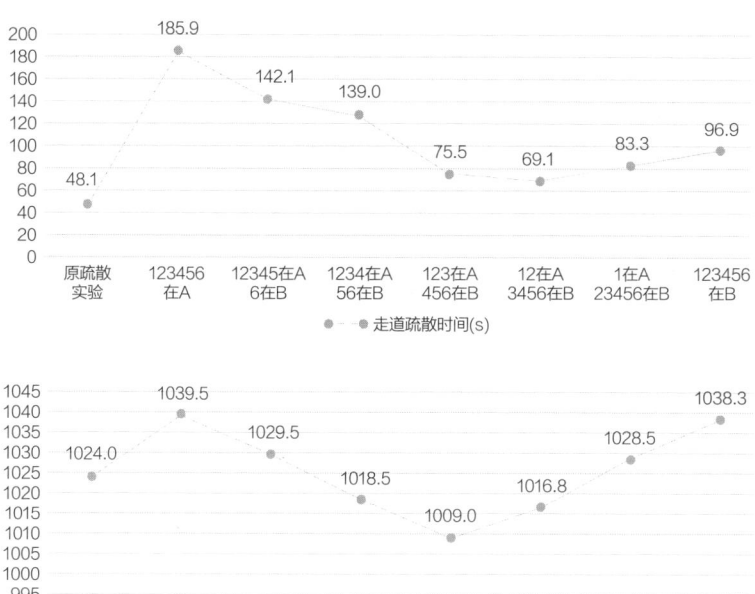

图3-14 回形走道人流分布实验数据对比

回形走道人流分布实验结果对比　　　　表3-17

组别	原疏散实验	123456走A	12345走A；6走B	1234走A；56走B
肌理				
走道疏散时间	48.1s	185.9s	142.1s	139.0s
楼栋疏散时间	1024.0S	1039.5s	1029.5s	1018.5s

第 3 章　疏散走道的疏散机制及标识优化

续表

组别	123走A；456走B	12走A；345走6B	1走A；2456走B	123456走B
肌理				
走道疏散时间	75.5s	69.1s	83.3s	96.9s
楼栋疏散时间	1009.0s	1016.8s	1028.5s	1038.3s

散流程的熟悉度。这些措施可以有效优化疏散效率，降低人员伤亡风险。

在错峰疏散实验中，验证了人员错峰疏散方案的可行性，特别是距离走道出口最近的住户需暂时等待（表3-18，标绿为最佳暂停户型）。该实验强调了在疏散指引中增加等待时间提示的重要性。研究表明，适当的停留能够减少疏散走道的拥挤程度，从而降低踩踏等疏散事故的发生概率。以H形走道为例，疏散走道较长且各户到出口的距离不同，当距离走道出口越近的住户错峰等待，走道疏散时间和楼栋疏散时间缩短越多，错峰疏散的有效性越强。特别是距离出口最近的住户如果能延迟疏散，将有助于改善整体的拥挤情况。当灾害发生时，缺乏信息提示常会导致人员瞬间蜂拥。因此，错峰疏散策略能有效减缓这种蜂拥现象并缩短疏散时间，建议在信息提示内容中增加等待时间的相关信息。

在人员分布疏散实验中，验证了均衡疏散的方案可行性，强调了疏散指引中增加人员分布数据的重要性。实验表明，当出口人员数量相当时，能更充分地利用疏散空间，提升疏散效率。然而，在灾害发生且缺乏疏散标识指引时，人员往往受到盲从心理的影响，可能选择在一个出口拥挤，从而延长疏散时间。分析人流分布的数据发现，人员均衡分布有助于提高疏散效率。在此情况下，距离出口最近的人员应遵循就近疏散原则，以减少不必要的疏散轨迹交错。同时，距离出口最远的人员选择出口时尤为关键，他们需要了解各走道出口的人员分布情况，以便做出更合理的疏散路径选择，从而减少不必要的拥挤。

错峰实验结果对比　　　　　　　　　表3-18

类型	无走道		
出口距离	—	A户距离出口0m	B户距离出口0m
走道疏散时间	原疏散实验 22.4s	A户暂停22.4s 22.9s	B户暂停22.4s 23.3s
楼栋疏散时间	129.5s	133.8s	135.5s
类型	点形走道		
出口距离	—	A户距离出口0m	B户距离出口0.6m
走道疏散时间	原疏散实验 36.9s	A户暂停36.9s 36.6s	B户暂停36.9s 35.1s
整栋疏散时间	287.8s	289.3s	292.5s
类型	线形走道			
出口距离	—	A户距离出口1.4m	B户距离出口2.0m	C户距离出口0.7m
走道疏散时间	原疏散实验 24.6s	A户暂停24.6s 19.5s	B户暂停24.6s 23.5s	C户暂停24.6s 16.2s
整栋疏散时间	174.5s	174.8s	176.0s	173.5

第 3 章　疏散走道的疏散机制及标识优化

续表

类型	T形走道		
出口距离	—	A户距离出口3.2m	B户距离出口3.0m
走道疏散时间	原疏散实验 33.3s	A户暂停33.3s 21.0s	B户暂停33.3s 20.3s
整栋疏散时间	246.0s	246.0s	249.5s

类型	L形走道			
出口距离	—	A户距离出口2.1m	B户距离出口4.0m	C户距离出口8.2m
走道疏散时间	原疏散实验 39.6s	A户暂停39.6s 26.9s	B户暂停39.6s 31.0s	C户暂停39.6s 31.5s
整栋疏散时间	228.0s	229.0s	227s	227s

类型	U形走道			
出口距离	—	A户距离出口7.2m	B户距离出口7.1m	C户距离出口5.0m
走道疏散时间	原疏散实验 783.0s（17层）	A户暂停52.1s 40.3s	B户暂停52.1s 39.7s	C户暂停52.1s 39.4s
整栋疏散时间	805.3s	807.5s	799.8s	826.8s

类型	H形走道				
出口距离	—	A户距15.6m	B户距22.4m	C户距19.8m	D户距15.9m
走道疏散时间	原疏散实验 55.9s	A户暂停55.9s 35.3s	B户暂停55.9s 51.7s	C户暂停55.9s 41.7s	D户暂停55.9s 37.9s
整栋疏散时间	1306.3s	1213.3s	1264.5s	1288.3s	1277.3s

续表

类型	回形走道			
出口距离	—	A户距离出口3.0m	B户距离出口7.8m	C户距离出口10.4m
走道疏散时间	原疏散实验	A户暂停48.1s	B户暂停48.1s	C户暂停48.1s
	48.1s	33.6s	34.1s	34.8s
整栋疏散时间	1024.0S	1007.0s	1016.3s	1022.0s

3.4 疏散走道标识系统优化设计策略

通过对八种走道类型的住宅原型及其预案进行对比实验分析，得出错峰疏散和人员分布等措施能够显著提高疏散效率。在此基础上，需对走道疏散标识进行调整，包括标识布点、标识信息和动态标识等，以优化疏散指引。在住宅疏散过程中，走道出口的人员拥堵是导致疏散时间延长的主要原因，因此，原型及其预案的对比实验应尽可能还原实际疏散场景，为后续研究提供有价值的疏散时间和拥堵信息作为参考。这些调整和优化措施将有助于提升整体疏散效果。

（1）优化不同走道类型的疏散标识布点位置

为确保人员能够及时获取实时标识信息，并确保其可识别性和有效性，需根据户门布置位置和疏散路径合理放置标识。结合八种走道疏散对比实验的结论，疏散内容主要包括拥堵情况、等待时间和疏散方向指引等提示，不同标识内容的设置位置各有差异（见图3-15）。例如，等待时间用灰色点表示，拥堵情况用黑色点表示，疏散方向则用灰色箭头

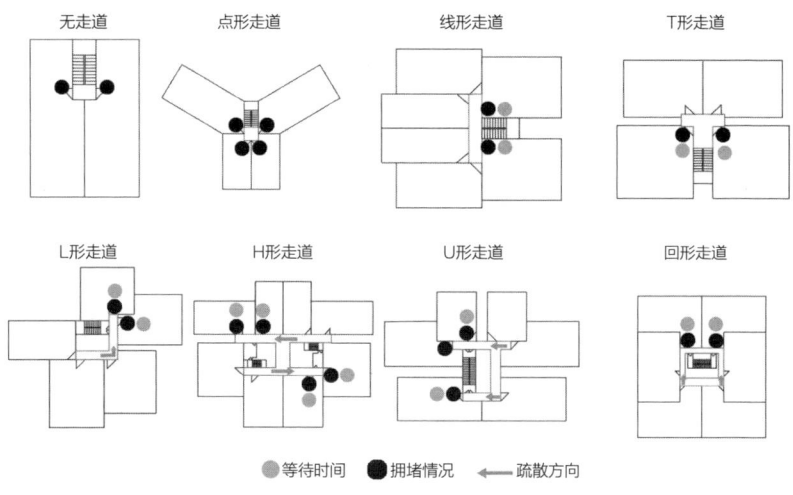

图3-15 不同标识内容的布点位置

标识。拥堵情况的提示应在人员即将进入拥堵区域前给出。走道中最容易拥堵的区域是出口附近,靠近走道出口的住户需在家中设置拥堵情况提示,而距离出口较远的住户可以不设置。以点形走道为例,住宅为一梯四户,所有住户距离出口较近,因此需要在每户设置拥堵提醒。相对而言,在线形走道住宅中,住户距离出口的长度差异显著,建议仅在靠近出口的住户家中设置拥堵情况提示。根据错峰疏散实验的结论,走道较长且靠近出口的住户需暂时等待,等待时长应在人员进入走道前给予提示。以线形走道为例,靠近出口的住户需结合拥堵情况的提示,提高疏散效率。对于走道长且有两个出口的住宅,除了在靠近走道的住户家中设置拥堵情况和等待时长的提示外,还应在距离走道出口较远的住户门口设置疏散方向指引,以便远离出口的住户寻找到正确的逃生路线。疏散方向应提前规划,以合理安排人员选择逃生出口,避免疏散路径的增长。针对单一出口且走道较长的住宅,建议在走道转折处重点标识疏散方向,以避免在疏散过程中产生不必要的寻路困扰。

(2)优化不同走道类型的疏散标识信息内容

为提高八种走道类型的疏散效率,依据错峰分流预案和各走道类型面临的问题，设定相应的标识内容是至关重要的。这些标识内容主要包括拥堵情况、等待时长和疏散方向，不同走道类型所需的标识内容有所不同（见表3-19）。在疏散过程中，走道出口最容易发生拥堵，因此，及时告知疏散人员拥挤情况非常重要。这将帮助他们根据个人的疏散能力和建筑内的堵点提示，选择合适的疏散策略。对于无走道和点形走道，由于空间较小，错峰疏散仅能在一定程度上缓解拥堵。此时，标识应在人员离家前提示疏散空间的拥堵情况，以便选择合适的疏散方式。需要等待的人员可以提前做好防护措施，而不便疏散的人员应尽量躲避到相对安全的区域，如卫生间等。对于线形、T形和L形走道，由于空间相对独立且较长，错峰疏散的有效性提升。这些类型的住宅应在靠近走道出口的住户家中设置拥堵情况和等待时长的提示。同时，靠近出口的人员需要在家中等待疏散提醒，并在此期间做好防护准备。对于U形、H形和回形走道，走道长度进一步增加，错峰疏散的有效性也得到加强。在这些类型的住宅中，应在靠近走道出口的住户家中设置拥堵情况和等待时长的提示。此外，由于这些走道通常有两个出口，需要在距离走道出口较远的住户门口设置疏散方向的提示以及实时的出口拥挤情况，帮助人员做出更好的疏散决策。

各类走道所需的疏散标识内容　　　　　　　　表3-19

类型	点形走道	线形走道	T形走道	L形走道	U形走道	H形走道	回形走道
疏散标识内容	拥堵情况	拥堵情况	拥堵情况	拥堵情况	拥堵情况	拥堵情况	拥堵情况
	—	等待时长	等待时长	等待时长	等待时长	等待时长	等待时长
	—	—	—	疏散方向	疏散方向	疏散方向	疏散方向

（3）结合实时信息优化疏散标识动态输出

现有的标识规范在实际应用中并未充分考虑拥堵情况、等待时长和疏散方向等内容与不同住宅特点的结合。因此，建议在现有规范的基础上，提出动态信息标识设计，构建标识应用意向图以供参考。现有疏散方向标识需要完善，特别是在分岔区域或较长的通道中，方向标识应结合实时情况，告知前方是否可通行，同时缺乏对拥堵情况和等待时长的提示。以L形走道疏散为例，可以在靠近疏散走道出口的户门设置等待时间标识，引导疏散人员进行适当的等待，以模拟错峰疏散的效果。通过将疏散标识内容与现实疏散情况相结合，形成的疏散标识示意图（表3-20）结合SWGS安全疏散系统，能够根据实际情况变化，提供颜色、文字和指向等信息（图3-16），帮助疏散人员了解疏散方向、拥堵情况和等待时长，从而提高疏散效率。在方向标识中，红色表示不可安全通行，绿色表示可安全通行；拥挤情况用红、黄、绿三种颜色表示：红色代表非常拥挤（非常危险），黄色表示人员较多（存在危险），绿色则表示人员较少（非常安全）。此外，在方向提示中增加时间提示，安全时间用绿色表示，等待时间用红色提示，警示前方区域可能较危险，提醒需要等待后再行通过。

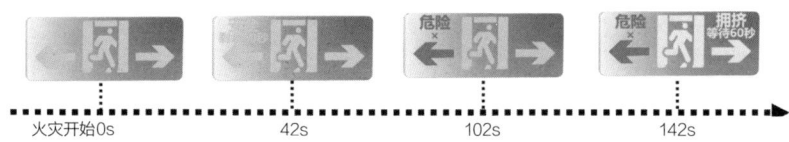

图3-16 动态疏散标识示意图

动态疏散标识示意图　　　　　　　表3-20

内容	方向标识	拥挤情况/危险程度	等待时长/安全时间
标识牌			
示意图			

第 3 章　疏散走道的疏散机制及标识优化

第 4 章
疏散楼梯的
疏散机制及标识优化

4.1 疏散楼梯实验方案

为探讨疏散楼梯对疏散效率的影响,需进一步了解不同疏散楼梯的疏散机制,为后续制定针对性的优化方案提供数据依据。实验第一步是选择典型住宅并抽取几何模型,结合空间数据和人员参数构建疏散场景;第二步是利用疏散模拟软件Pathfinder进行模拟,获取不同场景下的疏散轨迹、人员密度分布和疏散时间,通过数据分析得到疏散难点;第三步是针对难点制定疏散优化预案,反复实验验证,寻求最佳方案,以指导应急疏散标识设计(图4-1)。

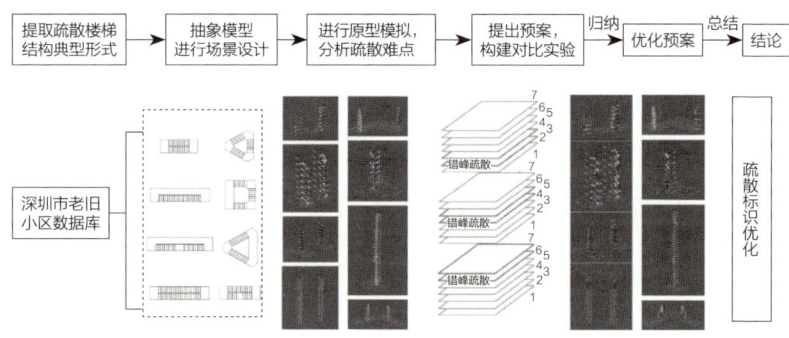

图4-1 实验方案

通过在深圳市老旧小区的调研与案例收集的39个样本中,选取深圳美晨苑、深圳鹏莲花园、深圳园岭新村2期、广州星河湾小区、南油B区29栋、汕头龙北村17栋、广州丽景湾、深圳田厦商业大厦,作为不同类型疏散楼梯的典型代表,以此构建出单跑剪刀楼梯、单跑直线楼梯、双跑矩形楼梯、双跑三角楼梯、双跑直线楼梯、三跑矩形楼梯、三跑三角楼梯、三跑方形楼梯的几何模型。疏散楼梯的尺寸依据真实情况设置,户型则按照原型设计(表4-1)。

构建疏散楼梯几何模型　　　　　　　　　　表4-1

楼梯类型	单跑剪刀楼梯	单跑直线楼梯	双跑矩形楼梯	双跑三角楼梯
几何模型（单位：m）	1.9 / 6.4	8.7 / 1.5 / 3.3	1.9 / 1.2	7.1 / 5.9 / 1.2
住宅类型	高层住宅	多层住宅	多层住宅	多层住宅
疏散方向	下	上、下	上、下	下
梯/户	1/6	1/4	1/2	1/4

楼梯类型	双跑直线楼梯	三跑矩形楼梯	三跑三角楼梯	三跑方形楼梯
几何模型（单位：m）	1.5 / 10.0	2.4 / 6.6	5.0 / 1.2 / 4.6 / 2.8	3.6 / 6.0 / 1.5
住宅类型	多层住宅	多层住宅	高层住宅	多层住宅
疏散方向	下	上、下	上、下	下
梯/户	3/21	1/4	2/6	2/23

　　在疏散模拟软件Pathfinder中，通过设置不同疏散能力的人员及其在总人数中的占比，结合真实建筑数据，构建更贴近老旧住宅的疏散场景。男女性别与年龄段的差异对疏散能力有不同程度的影响，为将重点放在疏散机制与难点上，本研究以疏散速率作为统一标准，基于老旧小区人口调研得知人员疏散速度在0.51~1.32m/s，1.19m/s、1.00m/s、0.70m/s依次分别为疏散能力较好、一般、较差三种人员的速度，分别

在总疏散人员中的占比为24%、56%、20%。人员数量设置根据调研户访以及推测并以住宅平面为依据，以此按照正常使用的情况下一间卧室设置两人，人员初始位置采取居住常用空间中心点，人员行为设置为To any exit，其他参数见表4-2。单跑直线楼梯、双跑矩形楼梯、双跑直线楼梯、双跑三角楼梯、三跑方形楼梯、三跑矩形楼梯所对应的住宅多为7层的多层住宅，单跑剪刀楼梯和三跑三角楼梯所对应的住宅多为31层的高层住宅（表4-1）。

参数设置　　　　　　　　　　　　　　　　　　　表4-2

内容	参数
人员年龄	2～70岁
人员身高	1.2～1.8m
人员肩宽	0.3～0.45m
人员占比及行进速度	24%疏散能力较好：1.19m/s 56%疏散能力一般：1.00m/s 20%疏散能力较差：0.70m/s
行为模式	To any exit；Wait
计算模型	Agent-based
行为模型	Steering
户门宽度	0.9m
疏散出口宽度	1.2m

4.2 疏散楼梯的疏散机制及难点问题

通过疏散模拟软件Pathfinder模拟得到八种楼梯类型的疏散数据，以楼层疏散时间为错峰疏散实验中人员暂停时间，以楼栋疏散时间为判断疏散效率的依据（表4-3）。考虑到错峰疏散人员暂停等待的安全性的同时实现错峰效果,将住宅中人员疏散完成一层所需的最短疏散时间设定为楼层疏散时间。同时,提取了人员的疏散路径和拥堵位置,以便后续分析疏散难点,对各住宅楼梯类型模拟结果如下:单跑剪刀楼梯的楼栋疏散时间为805.3s,楼层疏散时间为134.2s;单跑直线楼梯的楼栋疏散时间为147.8s,楼层疏散时间为42.2s;双跑矩形楼梯的楼栋疏散时间为131.3s,楼层疏散时间为37.5s;双跑三角楼梯的楼栋疏散时间为134.5s,楼层疏散时间为38.4s;双跑直线楼梯的楼栋疏散时间为181.3s,楼层疏散时间为51.8s;三跑矩形楼梯的楼栋疏散时间为162.0s,楼层疏散时间为46.2s;三跑三角楼梯的楼栋疏散时间为148.5s,楼层疏散时间为97.5s;三跑方形楼梯的楼栋疏散时间为585.3s,楼层疏散时间为49.5s。

楼梯疏散机制模拟实验　　　　表4-3

类型	单跑剪刀楼梯	单跑直线楼梯	双跑矩形楼梯	双跑三角楼梯
层数	31	7	7	7
肌理				
楼层疏散时间	134.2s	42.2s	37.5s	38.4s
楼栋疏散时间	805.3s	147.8s	131.3s	134.5s
类型	双跑直线楼梯	三跑矩形楼梯	三跑三角楼梯	三跑方形楼梯
层数	7	7	31	7
肌理				

续表

类型	双跑直线楼梯	三跑矩形楼梯	三跑三角楼梯	三跑方形楼梯
楼层疏散时间	51.8s	46.2s	97.5s	49.5s
楼栋疏散时间	181.3s	162.0s	148.5s	585.3s

通过观察人员疏散云图，发现八种类型均在中段楼层发生拥堵，进一步分析人员疏散轨迹发现，其原因在于当本层的疏散人员即将进入下一层疏散楼梯时，下一层的人员也同时涌入，发生竖向叠加的拥堵，而由于层数的叠加，拥堵则逐层增加，在中段楼层最为明显。从楼梯疏散机制模拟实验的楼层疏散时间和楼栋疏散时间的比例看，竖向叠加导致疏散效率低下在高层住宅中更加明显。基于原型模拟轨迹，归纳得出楼梯疏散难点为竖向叠加产生的中段楼层拥堵问题（图4-2），因此依据不同疏散楼梯的空间特点提出不同的优化预案。根据单一变量为标准构建与原型疏散实验场景相同的对比试验，通过反复验证预案有效性之后，得出最优预案，以最优预案的疏散数据为疏散标识的优化做数据支撑。

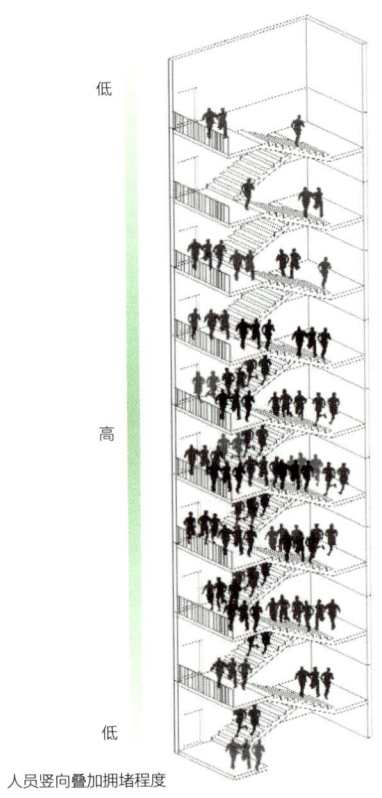

图4-2 竖向叠加导致中段楼层拥堵

4.3 疏散楼梯的疏散优化预案

为解决高密度人流在疏散楼梯中段的拥堵,根据不同疏散楼梯的空间特性,制定错峰分流及双向分流的疏散预案。错峰预案的核心在于让一部分人员先行疏散,而另一部分则在规定时间后再进行疏散,从而减轻楼梯内的人员密度,提高整体疏散效率。分流预案主要针对具有两个疏散方向的住宅类型,规定人员从特定的疏散出口方向进行疏散,以减少竖向叠加拥堵从而提高整体疏散效率。以此构建对比实验方案并进行实验,对实验结果分析得到高效的楼梯疏散预案。

(1)针对楼梯中段人员拥挤,不同楼层采取不同比例错峰疏散优化预案

老旧小区人员疏散能力差异导致疏散楼梯中段拥挤情况的恶化,因此提出不同楼层不同比例错峰疏散优化预案。考虑男女比例、年龄阶段、身体状况等多种因素,本研究统一以疏散速率作为判断疏散能力的唯一标准,1.19m/s、1.00m/s、0.70m/s依次分别为疏散能力较好、一般、较差三种人员的速率,三种人群分别在总疏散人员中的占比为24%、56%、20%。为更好地保护弱势群体,探索楼梯空间人员疏散的有效预案,考虑到人员疏散能力存在差异,确定疏散能力较弱人员优先疏散为基本原则,因此提出不同楼层依据人员疏散能力差异采取不同比例错峰疏散的猜想,并构建不同楼层不同比例错峰疏散对比实验(见表4-4)。在一般楼层中,疏散能力一般及较差的人员提前疏散,其余疏散能力较好的人员选择等待,为弱势群体疏散腾出空间,缓解疏散拥挤;在错峰等待楼层中,疏散能力较差的人员优先疏散,其余疏散能力较好及一般的人员等待疏散,为弱势群体腾出更多的空间。

调研整理所得的八种楼梯的空间及人员结构数据代入楼梯疏散实验,设置不同楼梯疏散实验所需初始场景、明确楼栋等待人员比例,以保证原实验数据的有效性及一致性。原疏散模拟实验分别得到各自楼梯类型的楼栋疏散时间及疏散轨迹,以原型实验拥挤影响范围为划分依据，将多层住宅以两层划分为一组，高层住宅以五层为一组，又因首层不拥挤，楼层分组以二层作为起始划分，多层住宅按照原实验、2~3层暂停、4~5层暂停、6~7层暂停4种类别划分比例错峰实验组，高层住宅按照原实验、2~6层暂停、7~11层暂停、12~16层暂停、17~21层暂停、22~26层暂停、27~31层暂停7种类别划分比例错峰实验组。为保证错峰疏散过程的安全性，以错峰人员离开错峰楼层的时间作为等待时间，保障疏散人员减少不必要的拥挤。依据楼层人员疏散所需时间为标准，楼层错峰时间分别为134.2s、42.2s、37.5s、38.4s、51.8s、46.2s、97.5s、49.5s。通过对老旧住宅楼栋的整理，对不同楼层进行编号并进行分组，依据单一变量实验原则，对比实验的实验设定与原疏散实验相同。通过对8种楼梯类型分别建立对比模拟实验，得到的实验数据结合这8种楼梯对应的特点见表4-4。

竖向走道空间楼层错峰疏散对比实验的设定　　　　表4-4

类型	单跑剪刀			
实验设定	人群类型：疏散能力较好：一般：较差=6:14:5； 楼栋层数：31层；楼栋总人数：1116人；每层人数：36人；是否可屋顶逃生：否； 疏散速度：疏散能力较好：1.19m/s，疏散能力一般：1.0m/s，疏散能力较差：0.7m/s； 总楼梯数量：2个；一般楼层等待人员比例为24%；错峰楼层人员等待比例：80%			
实验场景及变量	原疏散实验	2~6层暂停 134.2s	7~11层暂停 134.2s	12~16层暂停 134.2s
	17~21层暂停 134.2s	22~26层暂停 134.2s	27~31层暂停 134.2s	

续表

类型	单跑直线			
实验设定	人群类型：疏散能力较好：一般：较差=6：14：5； 楼栋层数：7层；楼栋总人数：112人；每层人数：16人；是否可屋顶逃生：是； 疏散速度：疏散能力较好：1.19m/s，疏散能力一般：1.0m/s，疏散能力较差：0.7m/s； 总楼梯数量：1个；一般楼层等待人员比例为24%；错峰楼层人员等待比例：80%			
实验场景及变量	原疏散实验	2~3层暂停 42.2s	4~5层暂停 42.2s	6~7层暂停 42.2s

类型	双跑矩形			
实验设定	人群类型：疏散能力较好：一般：较差=6：14：5； 楼栋层数：7层；楼栋总人数：84人；每层人数：12人；是否可屋顶逃生：是； 疏散速度：疏散能力较好：1.19m/s，疏散能力一般：1.0m/s，疏散能力较差：0.7m/s； 总楼梯数量：1个；一般楼层等待人员比例为24%；错峰楼层人员等待比例：80%			
实验场景及变量	原疏散实验	2~3层暂停 37.5s	4~5层暂停 37.5s	6~7层暂停 37.5s

类型	双跑三角形
实验设定	人群类型：疏散能力较好：一般：较差=6：14：5； 楼栋层数：7层；楼栋总人数：112人；每层人数：16人；是否可屋顶逃生：否； 疏散速度：疏散能力较好：1.19m/s，疏散能力一般：1.0m/s，疏散能力较差：0.7m/s； 总楼梯数量：1个；一般楼层等待人员比例为24%；错峰楼层人员等待比例：80%

续表

类型	双跑三角形			
实验场景及变量	原疏散实验	2~3层暂停 38.4s	4~5层暂停 38.4s	6~7层暂停 38.4s

类型	双跑直线
实验设定	人群类型：疏散能力较好：一般：较差=6∶14∶5； 楼栋层数：7层；楼栋总人数：294人；每层人数：42人；是否可屋顶逃生：否； 疏散速度：疏散能力较好 1.19m/s，疏散能力一般：1.0m/s，疏散能力较差：0.7m/s； 总楼梯数量：3个；一般楼层等待人员比例为24%；错峰楼层人员等待比例：80%

类型				
实验场景及变量	原疏散实验	2~3层暂停 51.8s	4~5层暂停 51.8s	6~7层暂停 51.8s

类型	三跑矩形
实验设定	人群类型：疏散能力较好：一般：较差=6∶14∶5； 楼栋层数：7层；楼栋总人数：280人；每层人数：40人；是否可屋顶逃生：是； 疏散速度：疏散能力较好 1.19m/s，疏散能力一般：1.0m/s，疏散能力较差：0.7m/s； 总楼梯数量：1个；一般楼层等待人员比例为24%；错峰楼层人员等待比例：80%

类型				
实验场景及变量	原疏散实验	2~3层暂停 46.2s	4~5层暂停 46.2s	6~7层暂停 46.2s

续表

类型	三跑三角			
实验设定	人群类型：疏散能力较好：一般：较差=6:14:5；楼栋层数：31层；楼栋总人数：992人；每层人数：32人；是否可屋顶逃生：是； 疏散速度：疏散能力较好：1.19m/s，疏散能力一般：1.0m/s，疏散能力较差：0.7m/s； 总楼梯数量：2个；一般楼层等待人员比例为24%；错峰楼层人员等待比例：80%			
实验场景及变量	原疏散实验	2~6层暂停 97.5s	7~11层暂停 97.5s	12~16层暂停 97.5s
	17~21层暂停 97.5s	22~26层暂停 97.5s	27~31层暂停 97.5s	

类型	三跑方形		
实验设定	人群类型：疏散能力较好：一般：较差=6:14:5；楼栋层数：7层；楼栋总人数：336人；每层人数：48人；是否可屋顶逃生：否； 疏散速度：疏散能力较好：1.19m/s，疏散能力一般：1.0m/s，疏散能力较差：0.7m/s； 总楼梯数量：2个；一般楼层等待人员比例为24%；错峰楼层人员等待比例：80%		
实验场景及变量	原疏散实验	2~3层暂停 49.5s	4~5层暂停 49.5s	6~7层暂停 49.5s

通过对比楼层错峰疏散实验和原疏散实验的拥堵情况及楼栋疏散时间，可以看出八种疏散楼梯类型的楼层错峰疏散均优化了疏散肌理，而楼栋疏散时间仅在单跑剪刀楼梯住宅27～31层暂停方案和三跑三角楼梯住宅22～26层暂停方案中出现缩短，该时间相较其原疏散实验组分别优化了6.3s和3.0s，详细的对比实验数据如下：

1）单跑剪刀楼梯类型多见于两梯六户的独栋高层老旧住宅，将实验依照高层住宅类型以5层为一组和原疏散实验共划分7组实验组，在原疏散实验组中，所有疏散人员同时开始疏散，在错峰疏散实验组中，错峰楼层80%的疏散人员及一般楼层24%的疏散人员在其余人员疏散开始后的134.2s再开始疏散。通过分析疏散模拟实验结果可知，相较于原实验，仅有最高楼层27～31层的楼栋疏散时间减少6.3s，其余对比实验组的楼栋疏散时间均有增加，其中2～16层的住户楼栋疏散时间平均延长约55.6s，17～26层的住户楼层楼栋疏散时间平均延长约6.9s，证明在高层老旧住宅中，位于该住宅中高区域的疏散人员错峰疏散有利于提高楼梯空间的疏散效率（图4-3）。对比楼梯疏散密度云图发现（表4-5），当位于住宅高区域的疏散人员错峰疏散可有效减少汇入楼梯的人员与已在楼梯人员的对撞，避免人员踩踏、碰撞等次生伤害的发生。

单跑剪刀楼层错峰实验结果对比　　　　　　表4-5

组别	原疏散实验	2～6层暂停 134.2s	7～11层暂停 134.2s	12～16层暂停 134.2s
疏散密度云图				

续表

组别	原疏散实验	2~6层暂停 134.2s	7~11层暂停 134.2s	12~16层暂停 134.2s
楼栋疏散时间	805.3s	871.3s	853.8s	857.5s

组别	17~21层暂停 134.2s	22~26层暂停 134.2s	27~31层暂停 134.2s
疏散密度云图	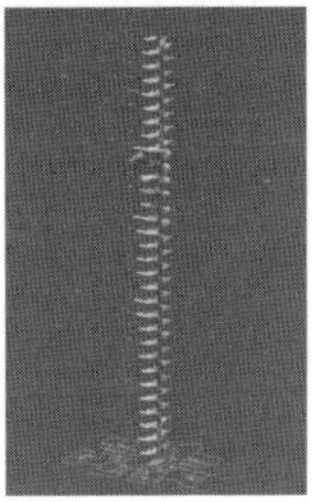	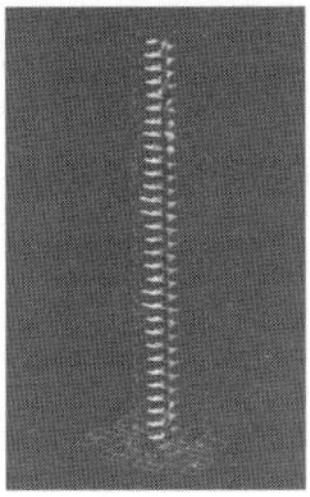	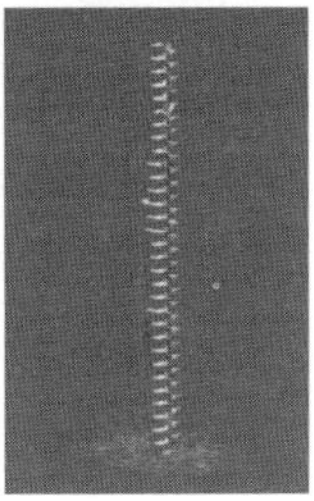
楼栋疏散时间	813.3s	811.0s	799.0s

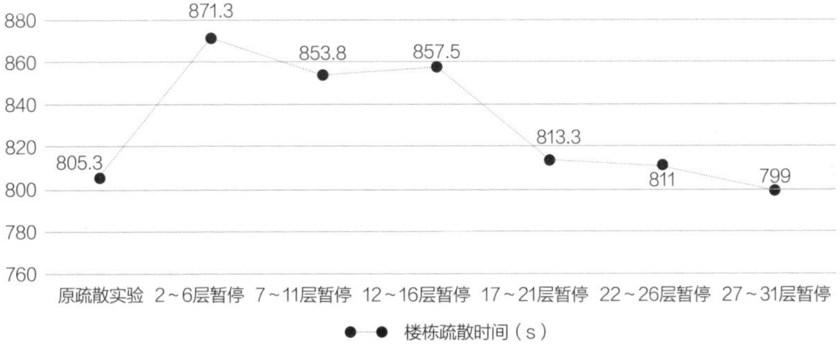

图4-3 单跑剪刀楼栋疏散数据分析

2）单跑直线楼梯类型多见于多层一梯四户的联排老旧住宅，将实验依照多层住宅类型以两层为一组和原疏散实验共划分4组实验组，在原疏散实验组中，所有疏散人员同时开始疏散，在错峰疏散实验组中，错峰楼层80%的疏散人员及一般楼层24%的疏散人员在其余人员疏散开始后的42.2s再开始疏散。通过分析疏散模拟实验结果可知,相较于原实验,所有对比实验组楼栋疏散时间均有增加,增加时间不低于22.2s,其中4~5层暂停实验组增加最多,增加了30.2s,其余实验组相较于4~5层暂停实验组的楼栋疏散时间均有减小,证明在多层住宅中,位于该住宅中部区域的疏散人员错峰疏散不利于楼梯空间疏散效率的提高(图4-4)。对比楼梯疏散密度云图发现(表4-6),当位于多层住宅高区域的疏散人员错峰疏散可以减少楼梯中部拥堵情况的发生,疏散人流相对均匀,有效缓解疏散过程中的人员拥挤程度,减少发生次生伤害的可能。

单跑直线楼层错峰实验结果对比　　表4-6

组别	原疏散实验	2~3层暂停 42.2s	4~5层暂停 42.2s	6~7层暂停 42.2s
疏散密度云图	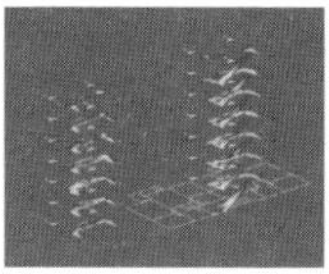	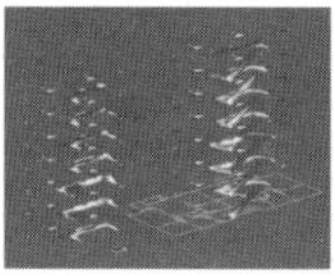	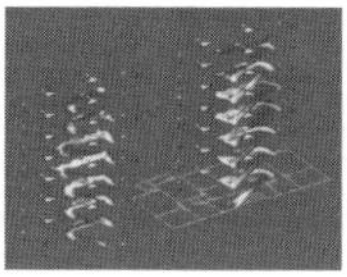	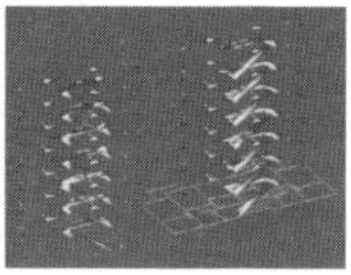
楼栋疏散时间	147.8s	170.0s	179.0s	177.5s

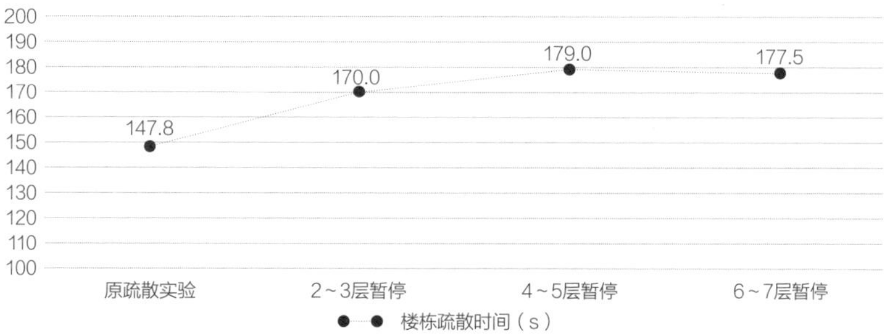

图4-4　单跑直线楼栋疏散数据分析

3)双跑矩形楼梯类型是老旧住宅中最常见的类型,将实验依照多层住宅类型以两层为一组和原疏散实验共划分4组实验组,在原疏散实验组中,所有疏散人员同时开始疏散,在错峰疏散实验组中,错峰楼层80%的疏散人员及一般楼层24%的疏散人员在其余人员疏散开始后的37.5s再开始疏散。通过分析疏散模拟实验结果可知,相较于原实验,所有对比实验组楼栋疏散时间均有增加,增加时间不低于9.5s,其中2~3层暂停实验组增加最多,增加了21.0s,其余实验组相较于4~5层暂停实验组的楼栋疏散时间均有减小,证明在多层住宅中,位于该住宅低区域的疏散人员错峰疏散不利于楼梯空间疏散效率的提高(图4-5)。对比楼梯疏散密度云图发现(表4-7),多层住宅中的4~7层人员错峰疏散可以减少楼梯拥堵情况的发生,证明多层住宅高区域的人员错峰疏散有利于缓解疏散过程中的人员拥挤。

双跑矩形楼层错峰实验结果对比　　　　　　　　　　表4-7

组别	原疏散实验	2~3层暂停 37.5s	4~5层暂停 37.5s	6~7层暂停 37.5s
疏散密度云图				
楼栋疏散时间	131.3s	152.3s	140.8s	141.8s

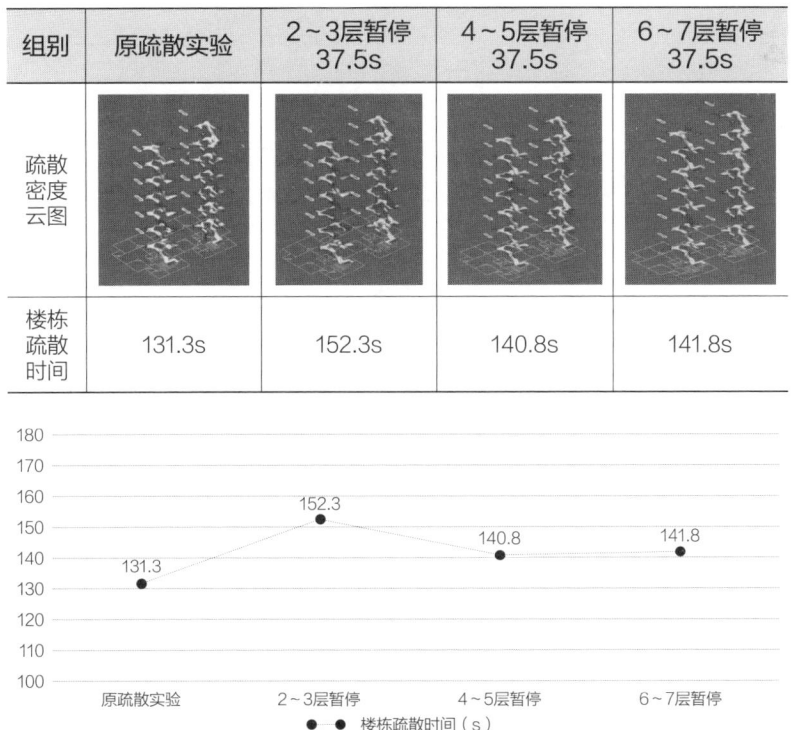

图4-5　双跑矩形楼栋疏散时间分析

4）双跑三角楼梯是双跑矩形楼梯的变形，通过扩大楼梯平台解决更多住户的入户问题，多见于多层一梯四户的独栋住宅。将实验依照多层住宅类型以两层为一组和原疏散实验共划分4组实验组，在原疏散实验组中，所有疏散人员同时开始疏散，在错峰疏散实验组中，错峰楼层80%的疏散人员及一般楼层24%的疏散人员在其余人员疏散开始后的38.4s再开始疏散。通过分析疏散模拟实验结果可知，相较于原实验，所有对比实验组楼栋疏散时间均有增加，增加时间不低于26.3s，其中4~5层暂停实验组增加最多，增加了31.8s，其余实验组相较于4~5层暂停实验组的楼栋疏散时间均有减小（图4-6）。对比楼梯疏散密度云图发现（表4-8），多层住宅中的2~5层人员错峰疏散楼梯拥堵情况会恶化，而6~7层人员错峰疏散可以减少楼梯拥堵情况的发生，进一步论证多层住宅高区域的人员错峰疏散可减少疏散拥挤的结论成立。

双跑三角楼层错峰实验结果对比　　　　表4-8

组别	原疏散实验	2~3层暂停 38.4s	4~5层暂停 38.4s	6~7层暂停 38.4s
疏散密度云图	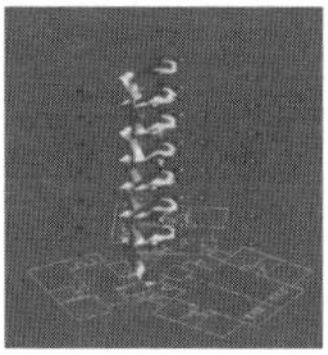	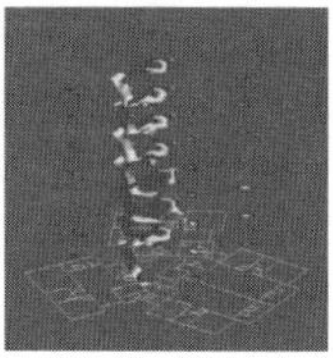	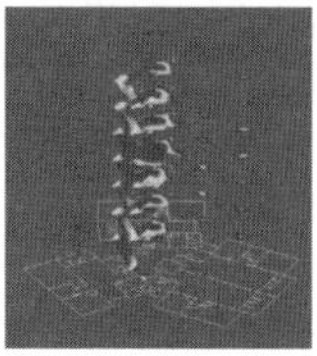	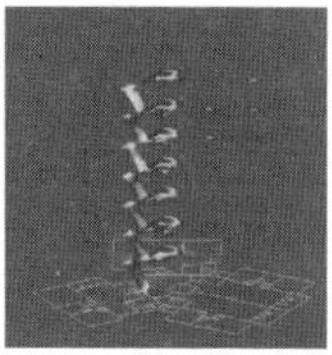
楼栋疏散时间	134.5s	164.0s	166.3s	160.8s

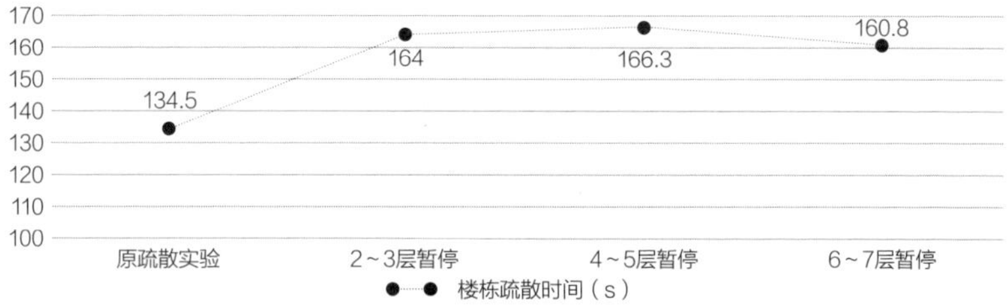

图4-6 双跑三角形楼栋疏散数据分析

5）双跑直线楼梯类型是单跑直线楼梯的变形，增大梯段间的平台面积来解决楼梯较陡的问题，多见于多梯多户的多层独栋住宅。将实验依照多层住宅类型以两层为一组和原疏散实验共划分4组实验组，在原疏散实验组中，所有疏散人员同时开始疏散，在错峰疏散实验组中，错峰楼层80%的疏散人员及一般楼层24%的疏散人员在其余人员疏散开始后的51.8s再开始疏散。通过分析疏散模拟实验结果可知，相较于原实验，所有对比实验组楼栋疏散时间均有增加，增加时间不低于22.0s，其中2~3层暂停实验组增加最多，增加了31.0s，其余实验组相较于2~3层暂停实验组的楼栋疏散时间均有减小（图4-7）。对比楼梯疏散密度云图（表4-9），发现2~5层人员错峰疏散会使楼梯拥堵情况恶化，而6~7层人员错峰疏散可以减少楼梯拥堵情况的发生，进一步论证多层住宅高区域的人员错峰疏散可减少疏散拥挤的结论成立。

双跑直线楼层错峰实验结果对比　　　　　　　　表4-9

组别	原疏散实验	2~3层暂停 51.8s	4~5层暂停 51.8s	6~7层暂停 51.8s
疏散密度云图	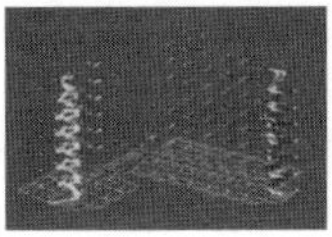	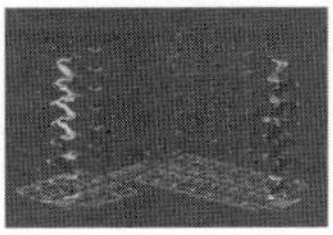	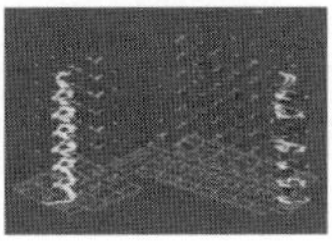	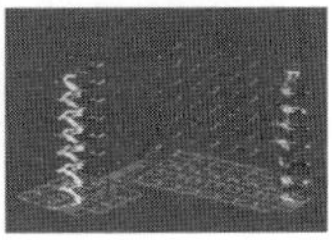
楼栋疏散时间	181.3s	212.3s	203.3s	204.3s

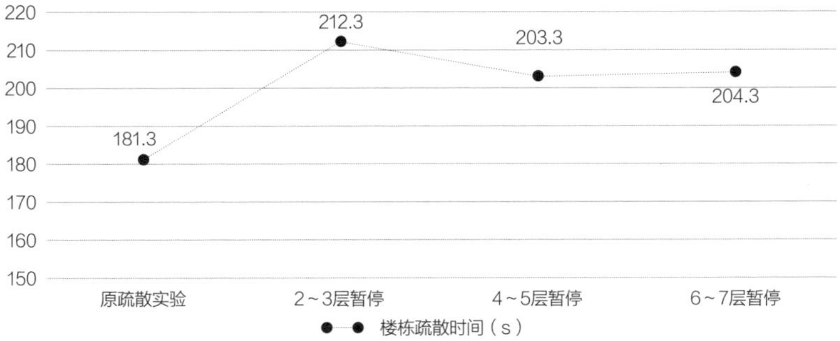

图4-7　双跑直线楼栋疏散时间分析

6）三跑矩形楼梯类型是双跑矩形楼梯的变形，比双跑矩形楼梯增加一个梯段及楼梯平台，多见于一梯四户的多层联排住宅。将实验依照多层住宅类型以两层为一组和原疏散实验共划分4组实验组，在原疏散实验组中，所有疏散人员同时开始疏散，在错峰疏散实验组中，错峰楼层80%的疏散人员及一般楼层24%的疏散人员在其余人员疏散开始后的46.2s再开始疏散。通过分析疏散模拟实验结果可知，相较于原实验，所有对比实验组楼栋疏散时间均有增加，增加时间不低于25.5s，其中2~3层暂停实验组增加最多，增加了29.8s，其余实验组相较于2~3层暂停实验组的楼栋疏散时间均有减小（图4-8）。对比楼梯疏散密度云图（表4-10），发现2~5层人员错峰疏散会使楼梯拥堵情况恶化，而6~7层人员错峰疏散可以减少楼梯拥堵情况的发生，多层住宅高区域的人员错峰疏散可减少疏散拥挤的结论成立。

三跑矩形楼层错峰实验结果对比　　　　　表4-10

组别	原疏散实验	2~3层暂停 46.2s	4~5层暂停 46.2s	6~7层暂停 46.2s
疏散密度云图				
楼栋疏散时间	162.0s	191.8s	187.5s	188.5s

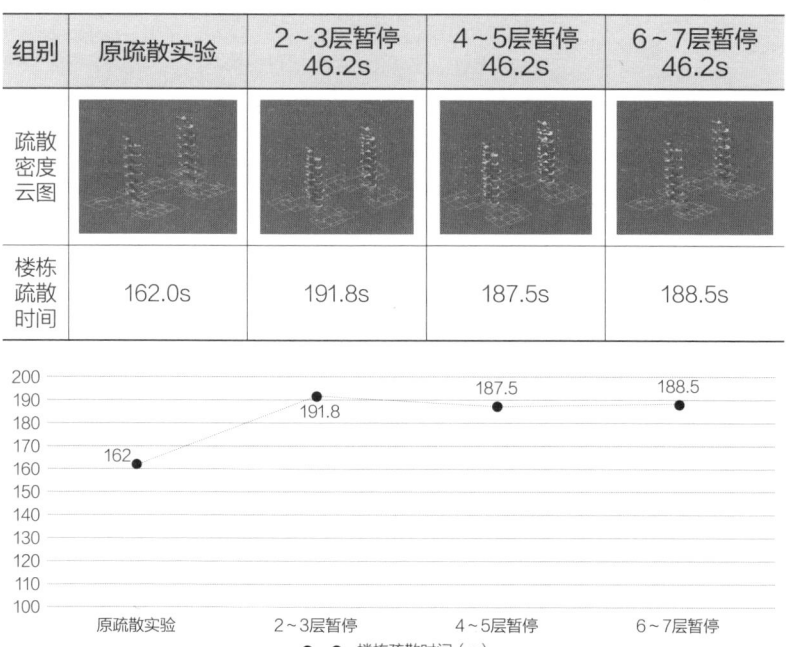

图4-8　三跑矩形楼栋疏散时间分析

7）三跑三角楼梯类型多见于两梯六户的联排高层老旧住宅，将实验依照高层住宅类型以五层为一组和原疏散实验共划分7组实验组，在原疏散实验组中，所有疏散人员同时开始疏散，在错峰疏散实验组中，错峰楼层80%的疏散人员及一般楼层24%的疏散人员在其余人员疏散开始后的97.5s再开始疏散。通过分析疏散模拟实验结果可知，相较于原实验，高楼层27~31层与22~26层暂停实验组的楼栋疏散时间与原疏散实验相差不超过±3.0s，12~16层的住户楼栋疏散时间增加最多，增加了65.0s，证明在高层老旧住宅中，位于该住宅中低区域的疏散人员错峰疏散不利于提高楼梯空间的疏散效率（图4-9）。对比楼梯疏散密度云图发现（表4-11），当位于高层住宅高区域的疏散人员错峰疏散可有效减少汇入楼梯的人员与已在楼梯人员的对撞，避免人员踩踏、碰撞等次生伤害的发生。

三跑三角楼层错峰实验结果对比　　　　　　　　　表4-11

组别	原疏散实验	2~6层暂停 97.5s	7~11层暂停 97.5s	12~16层暂停 97.5s
疏散密度云图				
楼栋疏散时间	585.3s	632.5s	647.8s	650.3s
组别	17~21层暂停 97.5s	22~26层暂停 97.5s	27~31层暂停 97.5s	
疏散密度云图				
楼栋疏散时间	637.8s	582.3s	586.5s	

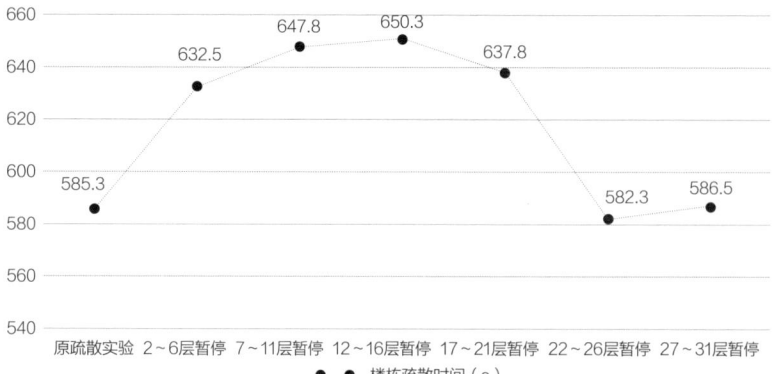

图4-9 三跑三角楼栋疏散时间分析

8）三跑方形楼梯多见于两梯多户的多层老旧住宅，将实验依照多层住宅类型以两层为一组和原疏散实验共划分4组实验组，在原疏散实验组中，所有疏散人员同时开始疏散，在错峰疏散实验组中，错峰楼层80%的疏散人员及一般楼层24%的疏散人员在其余人员疏散开始后的49.5s再开始疏散。通过分析疏散模拟实验结果可知，相较于原实验，所有对比实验组楼栋疏散时间均有增加，增加时间不低于25.3s，其中4~5层暂停实验组增加最多，增加了31.8s，而2~3层暂停实验组与6~7层暂停组的疏散时间接近（图4-10）。进一步对比楼梯疏散密度云图发现（表4-12），发现2~5层人员错峰疏散会使楼梯拥堵情况恶化，而6~7层人员错峰疏散可以减少楼梯拥堵情况的发生，由此确定住宅高区域的人员暂停疏散可减少疏散拥挤的结论成立。

三跑方形楼层错峰实验结果对比　　　　　　　表4-12

组别	原疏散实验	2~3层暂停49.5s
疏散密度云图		

续表

组别	原疏散实验	2~3层暂停49.5s
楼栋疏散时间	148.5s	173.8s
组别	4~5层暂停49.5s	6~7层暂停49.5s
疏散密度云图	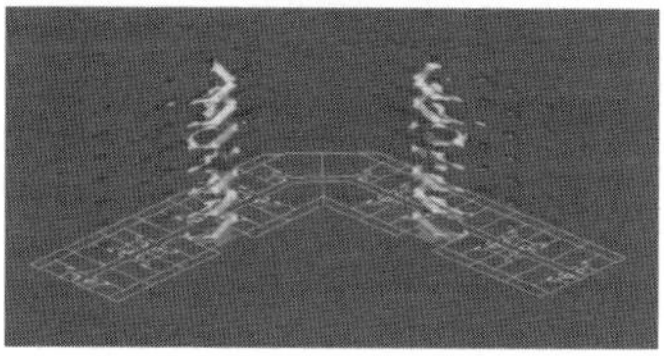	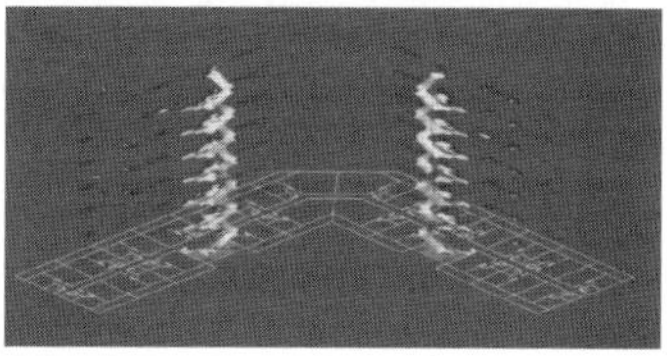
楼栋疏散时间	180.3s	177.0s

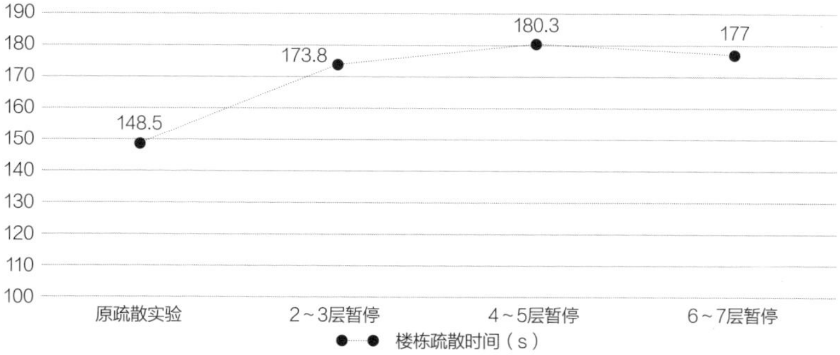

图4-10 三跑方形楼栋疏散时间分析

总结以上八种楼梯类型疏散规律，发现大部分错峰疏散实验组的楼栋疏散时间相较于原实验并未缩短，仅单跑剪刀楼梯类型住宅27~31层错峰疏散实验和三跑三角楼梯类型住宅22~26层错峰疏散实验的楼栋疏散时间较原楼栋疏散时间出现缩短。通过对楼栋疏散时间和空间拥堵情况的对比分析在单跑直线、双跑矩形、双跑三角、双跑直线、三跑矩形、三跑方形等不同楼梯类型的多层住宅中，尽管楼层暂停疏散未能减少楼栋疏散时间，但从疏散密度云图来看，中低楼层的错峰会导致显著拥挤，而高楼层错峰则改善了楼梯空间的疏散拥挤状况。在单跑剪刀、三跑三角此类高层住宅中,虽然高楼层错峰实验组的楼栋疏散时间较原实验缩短时间不超过6.3s,但其结果相较于多层住宅采用错峰疏散的所有实验组的楼栋疏散时间均比原实验均增加的情况,效果已有所改善。

(2)针对可以通过屋顶平台疏散的住宅,改变楼梯疏散方向的优化预案

在上述常规方向的疏散实验中,底层楼梯空间的极度拥挤及疏散速度的放缓是导致疏散时间延长的主要原因。其中单跑直线、双跑矩形、三跑矩形、三跑三角等楼梯类型的联排住宅可以借助相邻单元楼梯实现分流,因为它们具有两个不同方向的安全出口。为了充分利用多个出口以提高疏散效率,并验证疏散方向对整体疏散的影响,构建对比实验方案,将单跑直线、双跑矩形、三跑矩形、三跑三角楼梯的老旧住宅分户进行编号,并将安全出口分为上、下两类,组织不同楼层的居民通过指定的安全出口进行疏散,并对其进行了疏散模拟(表4-13)。通过对比不同疏散方向下的楼梯疏散时间,确定了各楼层最适宜的楼梯疏散方向,实验初始阶段采用同步疏散的方式,以确保疏散方向实验的实际有效性,其余实验设定与上述原疏散实验相同。

楼梯疏散方向实验参数　　　　　　　表4-13

类型	单跑直线			
实验设定	人群类型:疏散能力较好:一般:较差=6:14:5; 楼栋层数:7层;楼栋总人数:112人;每层人数:16人;是否可屋顶逃生:是; 疏散速度:疏散能力较好:1.19m/s,疏散能力一般:1.0m/s,疏散能力较差:0.7m/s; 总楼梯数量:1台			
实验场景及变量	1~7层向下疏散	1~6层向下疏散 7层向上疏散	1~5层向下疏散 6~7层向上疏散	1~4层向下疏散 5~7层向上疏散

续表

类型	单跑直线			
实验场景及变量	1~3层向下疏散 4~7层向上疏散	1~2层向下疏散 3~7层向上疏散	1层向下疏散 2~7层向上疏散	1~7层向上疏散

类型	双跑矩形
实验设定	人群类型：疏散能力较好：一般：较差=6：14：5； 楼栋层数：7层；楼栋总人数：84人；每层人数：12人；是否可屋顶逃生：是； 疏散速度：疏散能力较好：1.19m/s，疏散能力一般：1.0m/s，疏散能力较差：0.7m/s； 总楼梯数量：1台

类型				
实验场景及变量	1~7层向下疏散	1~6层向下疏散 7层向上疏散	1~5层向下疏散 6~7层向上疏散	1~4层向下疏散 5~7层向上疏散
	1~3层向下疏散 4~7层向上疏散	1~2层向下疏散 3~7层向上疏散	1层向下疏散 2~7层向上疏散	1~7层向上疏散

类型	三跑矩形
实验设定	人群类型：疏散能力较好：一般：较差=6：14：5； 楼栋层数：7层；楼栋总人数：280人；每层人数：40人；是否可屋顶逃生：是； 疏散速度：疏散能力较好：1.19m/s，疏散能力一般：1.0m/s，疏散能力较差：0.7m/s； 总楼梯数量：1台

续表

类型	三跑矩形			
实验场景及变量	1～7层向下疏散	1～6层向下疏散 7层向上疏散	1～5层向下疏散 6～7层向上疏散	1～4层向下疏散 5～7层向上疏散
	1～3层向下疏散 4～7层向上疏散	1～2层向下疏散 3～7层向上疏散	1层向下疏散 2～7层向上疏散	1～7层向上疏散

类型	三跑三角
实验设定	人群类型：疏散能力较好：一般：较差=6：14：5； 楼栋层数：31层；楼栋总人数：992人；每层人数：32人；是否可屋顶逃生：是； 疏散速度：疏散能力较好：1.19m/s，疏散能力一般：1.0m/s，疏散能力较差：0.7m/s； 总楼梯数量：2台

实验场景及变量	1～31层向下疏散	1～26层向下疏散 27～31层向上疏散	1～21层向下疏散 22～31层向上疏散	1～16层向下疏散 17～31层向上疏散
	1～11层向下疏散 12～31层向上疏散	1～6层向下疏散 7～31层向上疏散	1层向下疏散 2～31层向上疏散	1～31层向上疏散

1）单跑直线楼梯常见于多层联排住宅，由于楼梯空间不独立，疏散过程中人员交会频繁，导致楼栋疏散时间延长。为验证疏散方向对楼栋疏散时间的影响，总结疏散规律，将一栋7层的多层联排住宅进行楼层编号，并将其分为八组实验（表4-14）。模拟实验结果显示，楼栋疏散时间分别为147.8s、129.0s、109.8s、89.8s、90.8s、110.5s、129.5s、148.3s。分析表明，当1~4层居民向下疏散，5~7层居民向上疏散时，楼栋疏散时间最短，仅为89.8s；而当全体人员向上疏散时，楼栋疏散时间最长，达到了148.3s。当楼梯上人员分布相对均匀时，楼栋疏散时间比1~7层单向向下疏散的实验组缩短了58.0s（图4-11）。该实验结果表明疏散方向对疏散时间存在影响，人员分布均衡地通过安全出口有利于缩短楼栋疏散时间，但还需要进一步实验验证其规律性。

单跑直线楼梯疏散方向实验结果对比　　　　　表4-14

模拟疏散轨迹				
楼栋疏散时间	1~7层向下疏散	1~6层向下疏散 7层向上疏散	1~5层向下疏散 6~7层向上疏散	1~4层向下疏散 5~7层向上疏散
	147.8s	129.0s	109.8s	89.8s
模拟疏散轨迹				
楼栋疏散时间	1~3层向下疏散 4~7层向上疏散	1~2层向下疏散 3~7层向上疏散	1层向下疏散 2~7层向上疏散	1~7层向上疏散
	90.8s	110.5s	129.5s	148.3s

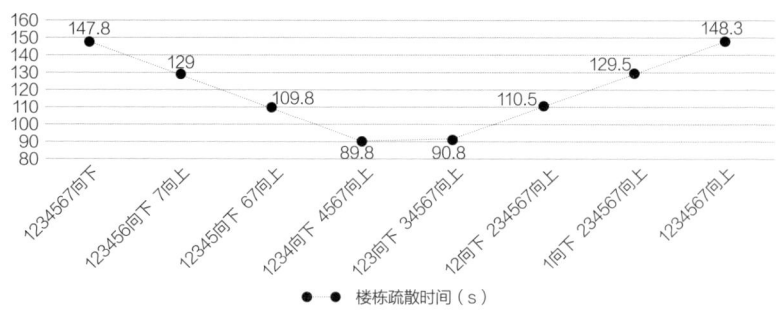

图4-11 单跑直线楼梯疏散方向实验结果分析

2)双跑矩形楼梯常见于多层联排单元住宅,在疏散过程中,楼梯平台作为主要的疏散空间及日常出入户空间,容易出现出户人员与楼梯内部人员的相互碰撞,导致疏散效率降低。为验证疏散方向对楼栋疏散时间的影响,总结疏散规律,将一栋7层的双跑矩形楼梯住宅进行楼层编号,并将其分为8组实验(表4-15)。模拟实验结果显示,楼梯疏散时间分别为131.5s、114s、97s、80s、81.8s、98.3s、114s、131.8s。分析表明,当1~4层居民向下疏散,5~7层居民向上疏散时,疏散时间最短,仅为80s;而当全体人员向上疏散时,疏散时间最长,达到了131.8s。当楼梯上人员分布相对均匀时,疏散时间比1~7层单向向下疏散的实验组缩短了51.5s(图4-12)。该实验结果表明疏散方向对疏散时间存在影响,人员分布均衡地通过安全出口有利于缩短疏散时间,但还需要进一步实验验证其规律性。

双跑矩形楼梯疏散方向实验结果对比　　　　表4-15

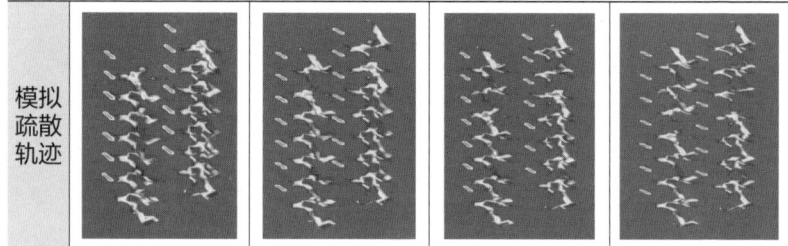

续表

楼栋疏散时间	1~7层向下疏散	1~6层向下疏散 7层向上疏散	1~5层向下疏散 6~7层向上疏散	1~4层向下疏散 5~7层向上疏散
	131.5s	114s	97s	80s
模拟疏散轨迹				
楼栋疏散时间	1~3层向下疏散 4~7层向上疏散	1~2层向下疏散 3~7层向上疏散	1层向下疏散 2~7层向上疏散	1~7层向上疏散
	81.8s	98.3s	114s	131.8s

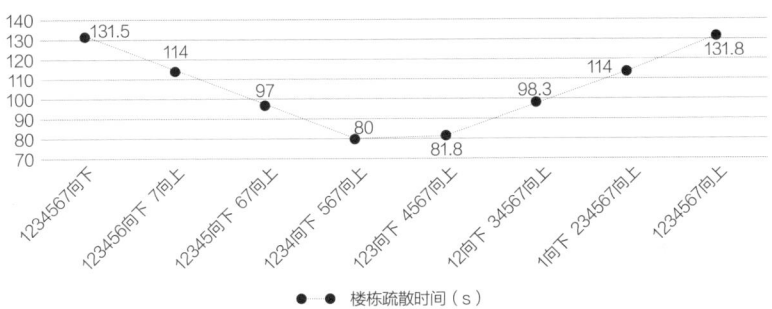

图4-12 双跑矩形楼梯疏散方向实验结果分析

3）三跑矩形楼梯作为双跑矩形的变种，三跑矩形楼梯类型的住宅疏散人员数量是双跑矩形楼梯类型住宅的3倍。疏散空间面积并未因为疏散人员的增加而同比增加是导致疏散时间延长疏散效率降低的主要原因。为验证楼梯疏散方向的影响，对三跑矩形楼梯类型的住宅进行楼层编号及实验分组，将模拟实验分为8组进行模拟（表4-16），分析实验结果，当1~3层居民向下疏散，4~7层居民向上疏散时，疏散时间最短，仅用了98.0s；而当所有人员向上疏散时，疏散时间最长，达到了

第4章 疏散楼梯的疏散机制及标识优化　103

162.0s。当疏散方向上的人员分布较为均匀时,疏散时间比1~7层单向向下疏散的实验组缩短了63.8s(图4-13)。该结果进一步验证了疏散方向对楼栋疏散时间存在影响,各个疏散方向的人员相对均衡有利于提高疏散效率。

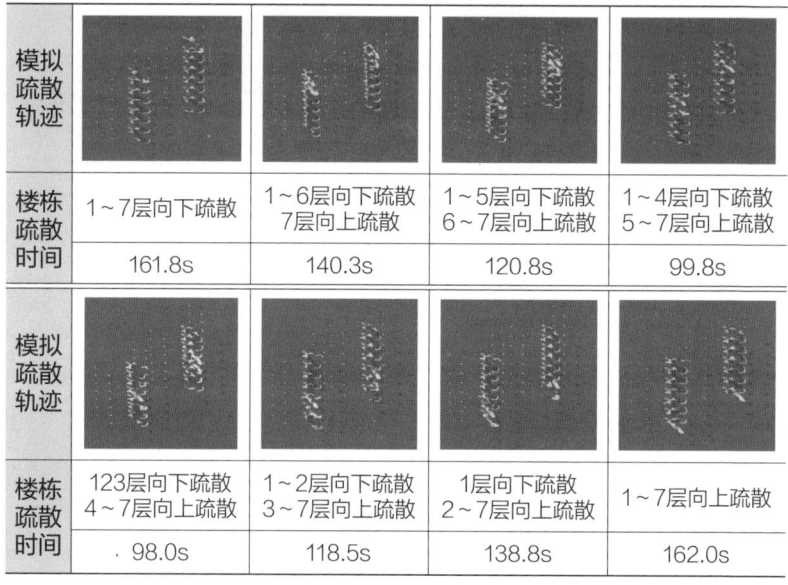

三跑矩形楼梯疏散方向实验结果对比　　　　　　表4-16

模拟疏散轨迹				
楼栋疏散时间	1~7层向下疏散	1~6层向下疏散 7层向上疏散	1~5层向下疏散 6~7层向上疏散	1~4层向下疏散 5~7层向上疏散
	161.8s	140.3s	120.8s	99.8s
模拟疏散轨迹				
楼栋疏散时间	123层向下疏散 4~7层向上疏散	1~2层向下疏散 3~7层向上疏散	1层向下疏散 2~7层向上疏散	1~7层向上疏散
	98.0s	118.5s	138.8s	162.0s

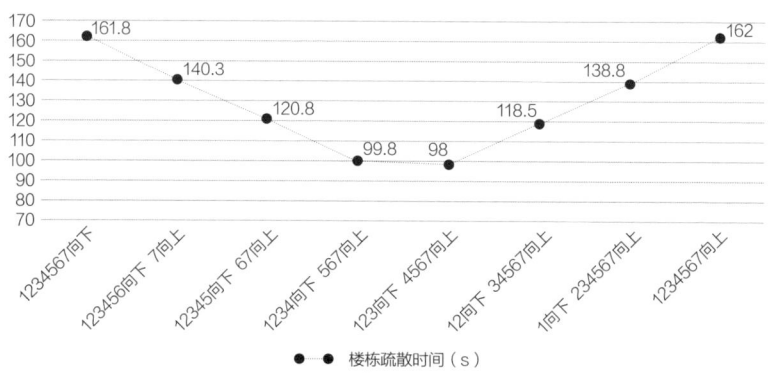

图4-13　三跑矩形楼梯疏散方向实验结果分析

4)三跑三角楼梯是双跑三角楼梯的变体,三跑三角楼梯的平台面积缩小,加剧了走道人员与楼梯人员的交汇,导致疏散速度减缓,楼栋疏散时间延长。为验证楼梯疏散方向对疏散过程的影响,对三跑三角楼梯类型的住宅进行楼层编号及实验分组,将模拟实验分为8组进行模拟(表4-17),分析实验结果,当1~16层居民向下疏散,17~31层居民向上疏散时,疏散时间最短,仅为310.9s;而当全体人员向上疏散时,疏散时间最长,达到了604.8s。当疏散方向上的人员分布较为均匀时,疏散时间比1~31层单向向下疏散实验组缩短了274.9s(图4-14)。该实验结果论证楼梯疏散方向对疏散效率存在影响,当各个疏散方向的人员相对均衡时疏散效率最高的规律成立。

三跑三角楼梯疏散方向实验结果对比　　　　表4-17

模拟疏散轨迹				
楼栋疏散时间	1~31层向下疏散	1~26层向下疏散 27~31层向上疏散	1~21层向下疏散 22~31层向上疏散	1~16层向下疏散 17~31层向上疏散
	585.8s	497.8s	406.8s	310.9s
模拟疏散轨迹				
楼栋疏散时间	1~11层向下疏散 12~31层向上疏散	1~6层向下疏散 7~31层向上疏散	1层向下疏散 2~31层向上疏散	1~31层向上疏散
	402.0s	496.8s	589.0s	604.8s

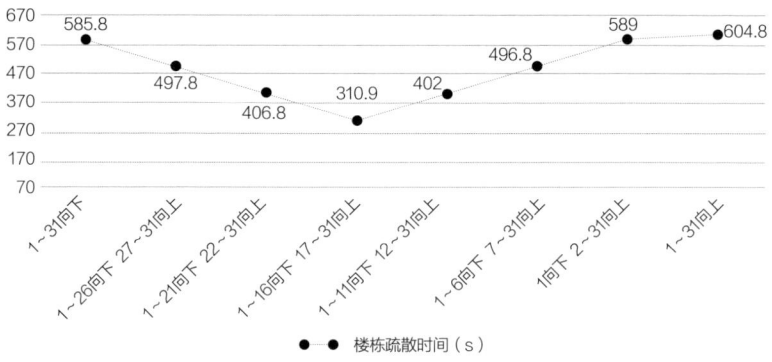

图4-14 三跑三角楼梯疏散方向实验结果分析

总结单跑直线、双跑矩形、三跑矩形、三跑三角楼梯疏散方向实验规律,探寻规律形成原因,归纳有效疏散预案。分析这四种楼梯的实验结果发现,当各安全出口所承载的疏散楼层层数相差较小时,楼栋疏散时间最短,单向向上或向下疏散虽然疏散路径统一,但会加剧楼梯的拥挤,而双向疏散则能有效缓解安全出口的拥挤,缩短楼栋疏散时间。对比双跑矩形楼梯和三跑矩形楼梯,虽然在空间形态方面两者相似,但是,在疏散人员数量方面,三跑矩形楼梯是双跑矩形楼梯的三倍,分析双跑矩形楼梯和三跑矩形楼梯的疏散方向实验结果发现,疏散方向均分对三跑矩形楼梯疏散时间缩短的作用更为显著,表明在疏散楼梯空间形态相似,但疏散人员数量激增的情况下,引导疏散人员双向疏散有利于缩短楼栋疏散时间。对比三跑矩形楼梯和三跑三角楼梯的疏散方向实验结果发现,虽然在楼梯梯段数量方面二者相同,但是,三跑三角楼梯疏散平台面积仅为三跑矩形楼梯的一半,分析三跑三角楼梯和三跑矩形楼梯的疏散方向实验结果发现,疏散方向均分对三跑三角楼梯楼栋疏散时间缩短的作用更明显,表明在疏散楼梯梯段数量相同,但楼梯平台面积更紧凑的情况下,引导疏散人员双向疏散有利于缩短楼栋疏散时间。对比单跑直线、双跑矩形、三跑矩形空间特征,单跑直线楼梯平台空间最大,三跑矩形其次,双跑矩形楼梯平台空间最小,楼梯平台既是主要疏散空间,也是出入户的缓冲空间,当楼梯平台面积相对较小时,出户人员与楼梯疏散人员易发生碰撞，影响疏散效率，对比疏散肌理图发现采用楼梯疏散方向均分的策略后，此类碰撞有效减少。

错峰实验证明，位于住宅高区域的疏散人员错峰等待一定时间，有助于缓解疏散楼梯拥挤，减少踩踏等事故的发生概率（表4-18，标绿为该类型暂停疏散最优户型）。因此，在住宅高区域的疏散标识信息的提示内容中，不仅需指明疏散方向，还需增加错峰等待时长。

楼梯疏散方向实验，验证疏散方向均分疏散方案的可行性，楼层中部人员需要均衡疏散（表4-19），疏散指引需要增加方向指引及人员实况数据。疏散方向实验证明，当出口人员相当时，有利于疏散空间充分发挥作用，提高疏散效率。若缺乏有效的疏散标识指引，疏散人员可能会盲目跟随大多数人的路径选择，受日常习惯的影响，倾向于选择单一方向，导致该方向拥堵，延长疏散时间。分析实验数据发现，中部楼层人员的选择尤为关键，直接影响到各个疏散方向的人流分布是否均衡。中部楼层人员应当遵循就近原则进行均分疏散，以缩短疏散路径并缓解人员拥挤。此外，提供各方向的实时拥挤情况信息，有助于中层人员作出合理的疏散路径选择，减少不必要的碰撞和拥挤。

楼层错峰疏散对比实验结果 表4-18

类型	楼梯疏散实验数据			
单跑剪刀	原疏散实验	2~6层暂停 134.2s	7~11层暂停 134.2s	12~16层暂停 134.2s
	805.3s	871.3s	853.8s	857.5s
	17~21层暂停 134.2s	22~26层暂停 134.2s	27~31层暂停 134.2s	—
	813.3s	811.0s	799.0s	—
单跑直线	原疏散实验	2~3层暂停 42.2s	4~5层暂停 42.2s	6~7层暂停 42.2s
	147.8s	170.0s	179.0s	177.5s

续表

类型	楼梯疏散实验数据			
双跑矩形	原疏散实验	2~3层暂停 37.5s	4~5层暂停 37.5s	6~7层暂停 37.5s
	131.3s	152.3s	140.8s	141.8s
双跑三角	原疏散实验	2~3层暂停 38.4s	4~5层暂停 38.4s	6~7层暂停 38.4s
	134.5s	164.0s	166.3s	160.8s
双跑直线	原疏散实验	2~3层暂停 51.8s	4~5层暂停 51.8s	6~7层暂停 51.8s
	181.3s	212.3s	203.3s	204.3s
三跑矩形	原疏散实验	2~3层暂停 46.2s	4~5层暂停 46.2s	6~7层暂停 46.2s
	162.0s	191.8s	187.5s	188.5s
三跑三角	原疏散实验	2~6层暂停 97.5s	7~11层暂停 97.5s	12~16层暂停 97.5s
	585.3s	632.5s	647.8s	650.3s
	17~21层暂停 97.5s	22~26层暂停 97.5s	27~31层暂停 97.5s	—
	637.8s	582.3s	586.5s	—
三跑方形	原疏散实验	2~3层暂停 49.5s	4~5层暂停 49.5s	6~7层暂停 49.5s
	148.5s	173.8s	180.3s	177.0s

楼梯疏散方向实验结果　　　　　表4-19

类型	楼梯疏散实验数据			
单跑直线	1~7层向下疏散	1~6层向下疏散 7层向上疏散	1~5层向下疏散 6~7层向上疏散	1~4层向下疏散 5~7层向上疏散
	148.8s	129.0s	109.8s	89.8s
	1~3层向下疏散 4~7层向上疏散	1~2层向下疏散 3~7层向上疏散	1层向下疏散 2~7层向上疏散	1~7层向上疏散
	90.8s	110.5s	129.5s	148.3s
双跑矩形	1~7层向下疏散	1~6层向下疏散 7层向上疏散	1~5层向下疏散 6~7层向上疏散	1~4层向下疏散 5~7层向上疏散
	131.5s	114.0s	97.0s	80.0s
	1~3层向下疏散 4~7层向上疏散	1~2层向下疏散 3~7层向上疏散	1层向下疏散 2~7层向上疏散	1~7层向上疏散
	81.8s	98.3s	114.0s	131.8s
三跑矩形	1~7层向下疏散	1~6层向下疏散 7层向上疏散	1~5层向下疏散 6~7层向上疏散	1~4层向下疏散 5~7层向上疏散
	161.8s	140.3s	120.8s	99.8s
	1~3层向下疏散 4~7层向上疏散	1~2层向下疏散 3~7层向上疏散	1层向下疏散 2~7层向上疏散	1~7层向上疏散
	98.0s	118.5s	138.8s	162.0s
三跑三角	1~31层向下疏散	1~26层向下疏散 7~31层向上疏散	1~21层向下疏散 22~31层向上疏散	1~16层向下疏散 17~31层向上疏散
	585.8s	497.8s	406.8s	310.9s
	1~11层向下疏散 12~31层向上疏散	1~6层向下疏散 7~31层向上疏散	1层向下疏散 2~31层向上疏散	1~31层向上疏散
	402.0s	496.8s	589.0s	604.8s

4.4 疏散楼梯标识系统优化设计策略

分析八种楼梯类型的住宅原型及其预案对比实验结论，可以看出楼层错峰疏散、规划疏散方向等措施可有效提高疏散效率缓解疏散中的拥堵，结合疏散措施所需的指引对楼梯疏散标识做出标识布点、标识信息内容、动态标识等调整，可减少老旧住宅楼梯空间存在的疏散安全隐患。在住宅疏散楼梯的疏散过程中，人员拥堵在底层楼梯间是造成疏散时间延长的主要原因，原型及其预案对比实验尽可能还原实际疏散场景并分析实验结果，为后续研究提供有效的模拟实验数据及可供参考的标识优化策略。

（1）优化不同楼梯类型的疏散标识布点位置

结合八种楼梯疏散对比实验结论，发现不同的楼层对疏散标识设施的需求存在差异（图4-15），在住宅高层需要增设等待时间，向全体住户提供底层楼梯间实时拥挤现状，并为住宅中层提供疏散方向指引（表4-20）。分析楼层错峰对比实验发现，错峰措施对多层住宅疏散优化并不显著，但对高层住宅疏散的作用明显。高层住宅人员按照原有疏散方式进行无组织疏散，会使整体疏散拥挤程度加剧，结合楼层错峰实验发现在住宅内部增设的等待时长、拥堵情况、疏散方向等标识信息可以提前规划疏散方式，特别是位于较高区域的疏散人员，危险程度相对较高，结合等待时间及拥挤情况可以判断出口时间，做好必要的防护措施。以单跑剪刀与单跑直线楼梯为例，两者虽同属单跑楼梯类型但规模不同，单跑剪刀为2梯31层，单跑直线为1跑7层，单跑剪刀每部楼梯需要应对的楼层是单跑直线的两倍，在错峰实验中，单跑剪刀楼梯的高层错峰楼栋疏散时间缩短，而单跑直线楼梯的所有对比组楼栋疏散时间则明显增加，表明楼层越高的住宅，高层错峰疏散方式能更有效地提高疏散效率。分析疏散方向对比实验结果发现，单跑直线、双跑矩形、三跑矩形、三跑三角等拥有相邻单元的联排住宅可通过双向疏散显著提高疏散效率。需要在中间楼层增设疏散方向指引，充分利用安全出口。以这四种楼梯类型的双向疏散实验结果为例,单跑直线最优预案疏散时间为原实验的60.3%,双跑矩形为60.8%,三跑矩形为60.5%,三跑三角为53.1%。结果显示,楼层越低,疏散方向指引的效果越显著,越能有效缓解底层的拥堵情况。

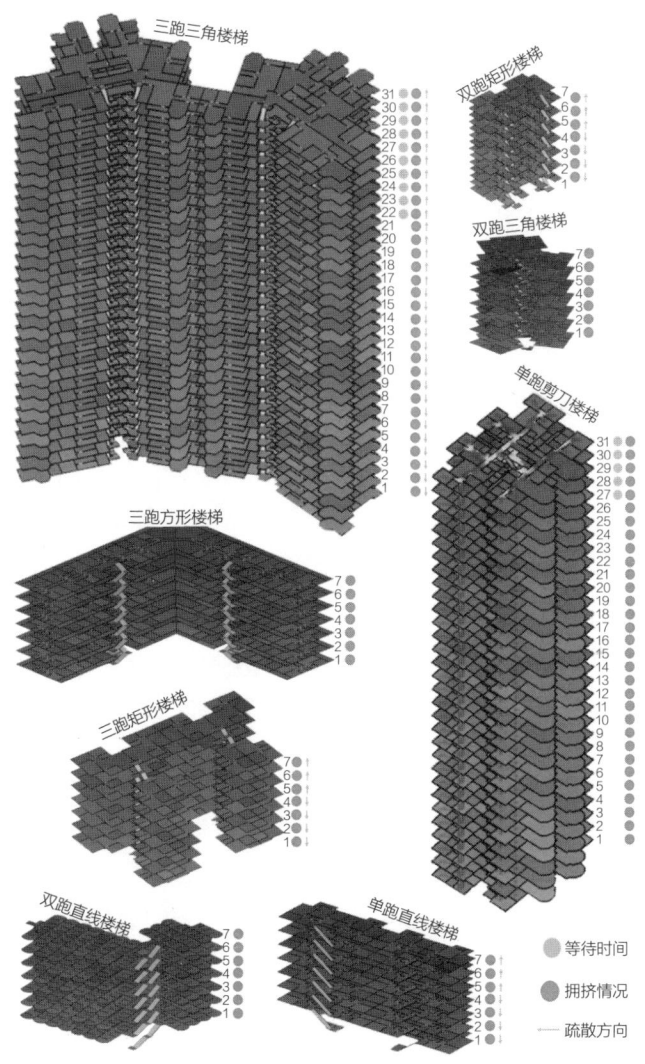

图4-15 不同标识内容的布点楼层

第 4 章 疏散楼梯的疏散机制及标识优化 111

标识设置楼层特征归纳　　　　表4-20

楼层类型	高层老旧住宅	多层老旧住宅
可借助屋顶平台疏散		
不可借助屋顶平台疏散		

（2）优化不同楼梯类型的疏散标识信息内容

疏散楼梯空间需要结合住宅楼梯类型及楼层位置设置不同的疏散标识，明确拥堵情况、等待时长、疏散方向（表4-21）。楼梯中底部是最易发生拥堵的区域，及时告知疏散人员拥堵情况和等待时长，有助于疏散人员判断疏散堵点，采取等待、逆向疏散等措施。单跑剪刀和三跑三角等高层老旧住宅最好采用含有拥堵情况及等待时长等疏散信息的标识，高楼层错峰疏散不仅能缓解拥堵，还能缩短疏散时间，疏散人员可以利用等待时间提前做好防护，不便疏散的人群可以采取一定的自救措施，保障后续疏散安全。单跑直线、双跑矩形、双跑三角、双跑直线、三跑矩形、三跑方形等多层老旧住宅疏散标识内容需要增设拥堵情况，多层住宅楼梯空间较小，错峰疏散虽能缓解楼梯间拥挤，但提升疏散效率有限，因此建议增设拥堵情况提示。住宅调研中，将住宅分为联排与独栋住宅，联排住宅因相邻单元屋顶平面相通，可采用双向疏散，单跑直线、双跑矩形、三跑矩形、三跑三角等联排住宅等可以在楼层中层设置疏散方向指引，明确疏散方向，其他楼层就近疏散。

各类楼梯所需的疏散标识内容　　　　表4-21

类型	单跑剪刀	单跑直线	双跑矩形	双跑三角	双跑直线	三跑矩形	三跑三角	三跑方形
疏散标识内容	拥堵情况	拥堵情况	拥堵情况	拥堵情况	拥堵情况	拥堵情况	拥堵情况	拥堵情况
	等待时长	—	—	—	—	—	等待时长	—
	—	疏散方向	疏散方向	—	—	疏散方向	疏散方向	—

（3）结合实时楼梯情况优化信息动态输出方式

楼梯空间疏散路径相对单一，常见的老旧楼梯空间疏散标识仅有紧急照明和安全出口，并未将拥堵情况、等待时长、疏散方向等标识内容与人员运动状态、空间堵点情况相结合，依据标识内容与位置相结合的指导理论，在现有标识基础上提出动态信息标识设计，重新绘制楼梯标识示意图，以供读者参考。楼梯空间为立体竖向而非平面形态，现有楼梯应急疏散设备包含紧急照明、应急疏散标识，紧急照明可以帮助疏散人员了解空间情况，但应急疏散标识仅提供疏散方向和安全出口信息，无法提供有效的位置及前方情况，为提高应急疏散标识的有效性，应在现有基础上增加拥堵情况、等待时长、疏散方向及所处楼层位置等提示信息。结合SWGS安全疏散系统与现实疏散变化情况，在楼梯疏散标识中补充动态变化的颜色、文字、指向等信息（图4-16），疏散人员依据信息得到疏散方向、拥堵情况、等待时长、所处楼层等疏散内容，获悉自身位置信息及前方情况，完善疏散规划。方向标识、拥挤情况、等待时间则依照红、黄、绿表达现状危险程度及紧迫性，红色危险系数最高，黄色提醒、绿色安全。在设置位置上，由于楼梯间空间相对狭小，人员相对拥挤，建议设置在2.1m高度位置，便于疏散人员提前获得提示信息，且标识设置面应与人员轨迹方向垂直，以便更快速地读取（表4-22）。

动态疏散标识示意 表4-22

内容	方向标识	拥挤情况/危险程度	等待时长/安全时间	楼层信息
标识牌	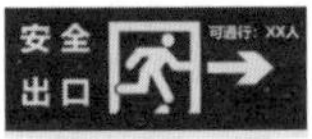 安全出口 可通行:XX人	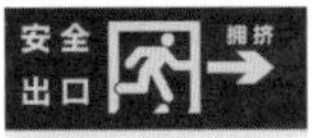 安全出口 拥挤	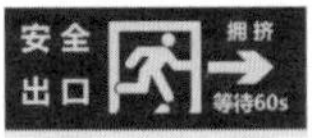 安全出口 拥挤 等待60s	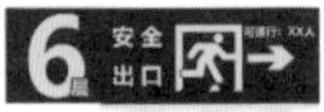 6层 安全出口 可通行:XX人
示意图	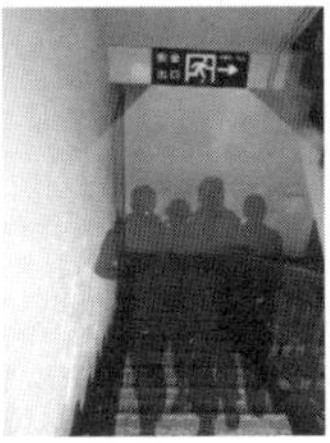	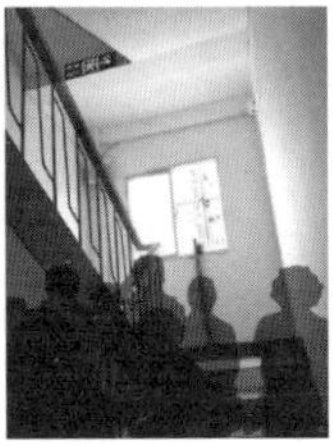	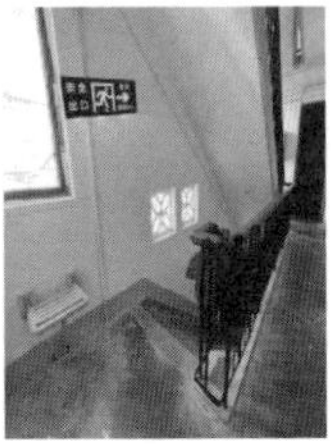	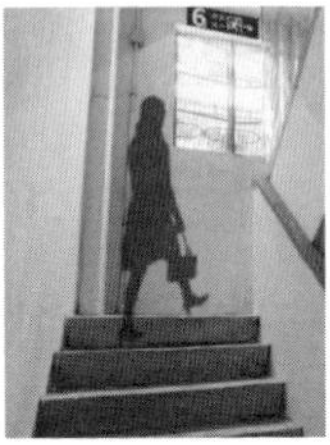

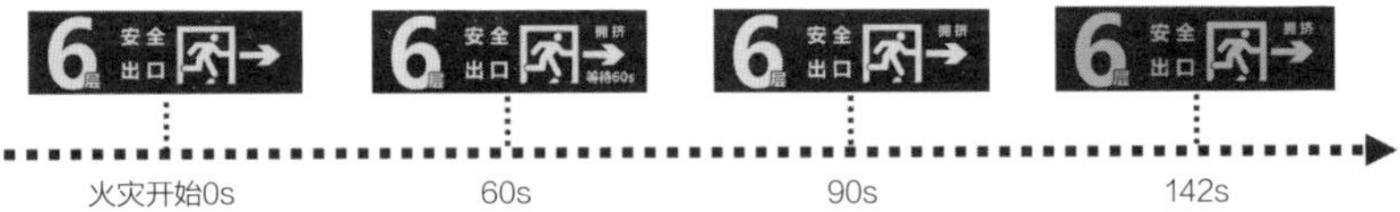

图4-16 动态疏散标识示意图

火灾开始0s — 60s — 90s — 142s

第 5 章
安全出口的疏散机制及标识优化

5.1 安全出口实验方案

针对不同老旧小区,需识别不同安全出口类型的关键影响因子,以制定针对性的优化方案。安全出口是通往安全区域的出入口,不仅包括出口界面,还涵盖了出口外的安全区域整体。因此,安全出口作为一个连续的疏散空间,根据与小区疏散道路是否直接相连可分为落地式和非落地式两种,落地式安全出口中疏散人员可直接自疏散楼梯间的单元出口界面通向地面层,非落地式安全出口中将会涉及单元出口界面外的户外疏散空间,疏散人员自疏散楼梯间离开单元出口界面后,还需经由水平和竖向的疏散路径到达地面层。在进行安全出口疏散实验时需充分考虑到各楼层的疏散人员流量、疏散空间的承载能力、非常规空间的信息指引及户内外疏散的有效衔接。实验的第一步是根据安全出口的类型,选择典型住宅并提取几何模型,结合空间数据和人员参数构建疏散场景;第二步是利用疏散模拟软件Pathfinder模拟获取不同场景下的疏散轨迹、人员密度分布和疏散时间,通过数据分析识别疏散难点;第三步是针对这些难点制定优化策略,反复实验验证,以找到最佳方案(图5-1),根据实验数据提出针对性的优化策略,对提升疏散效率和减少安全风险具有重要意义。

通过对深圳市老旧小区进行调研与案例收集,选取深圳锦滨苑、深华侨城东组团、深圳鹏益花园、深圳园岭新村、深圳兰园为不同安

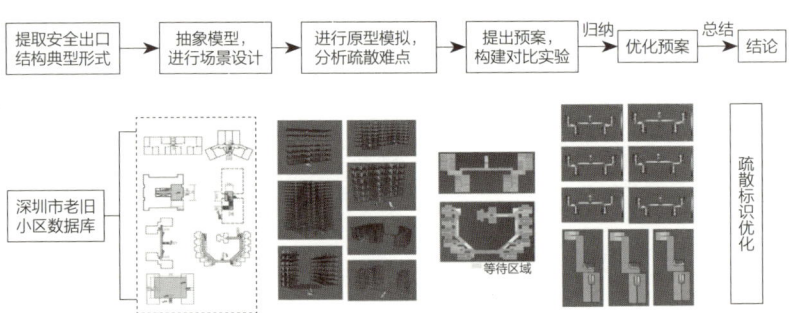

图5-1 实验方案

全出口类型的典型代表，通过提取这些住宅的安全出口空间数据，构建出落地直出式、落地走道式、落地大堂式、非落地点式、非落地走道式、非落地环形走道式、非落地平台式七种安全出口形式的几何模型，提取其中与疏散有关的安全出口、楼梯形态、缓冲空间的形式与尺寸、层数和安全出口宽度等因素，几何模型见表5-1。根据出口相对地面的位置情况可分为落地式和非落地式两种形式。在落地式中，安全出口空间自出口层的楼梯间开始，止于住宅单元出入口；在非落地式中，进一步包括了住宅单元出入口外的诸如平台、廊道等空间及连接地面层的竖向楼梯。根据疏散人群途经的疏散空间，又可在落地式和非落地式的基础上细分为落地直出式、落地走道式、落地大堂式及非落地点式、非落地走道式、非落地环形走道式、非落地平台式。落地直出式是指自疏散楼梯下到地面层，无缓冲空间直接通过住宅单元出入口到达户外，常见于多层的一梯两户的老旧住宅；落地走道式是指自疏散楼梯下到地面层，以走道缓冲空间连接单元出入口到达户外，常见于多层及中高层老旧住宅；落地大堂式是指自疏散楼梯下到地面层，经由一定面积的大堂空间连接单元出入口到达户外，此种形式多出现在高层老旧住宅当中。非落地点式是指自单元出入口经由户外点式平台，再通过竖向楼梯到达地面层；非落地走道式是指自单元出入口经由户外走道，再通过竖向楼梯到达地面层；非落地环形走道式是指自单元出入口经由路径较长的围合型的户外走道，再通过竖向楼梯到达地面层；非落地平台式是指自单元出入口经由一定面积的户外平台空间，再通过竖向楼梯到达地面层。

构建安全出口几何模型　　　　　　　表5-1

出口类型	落地直出式	落地走道式	落地大堂式	非落地点式
几何模型	1.5m	1.3m / 2.6m	1.8m / 13m / 9.0m	3.0m / 4m / 1.5m / 1.5m

续表

出口类型	落地直出式	落地走道式	落地大堂式	非落地点式
模型数据	单元出入口宽度：1.5m；层数：7	单元出入口宽度：2.6m；走道宽度：1.3m；层数：7	单元出入口宽度：1.8m；大堂尺度：13m×8m；层数：7	单元出入口宽度：0.9m；平台尺度：3m×4.1m；室外楼梯宽度：1.5m；层数：7

出口类型	非落地走道式	非落地环形走道式	非落地平台式
几何模型			
模型数据	单元出入口宽度：1.2m；走道宽度：1.5m；室外楼梯宽度：1.8m；层数：7	单元出入口宽度：1m；走道宽度：3m；室外楼梯宽度：1.8m/2.0m；层数：7	单元出入口宽度：1.8m；平台尺度：20m×15m；室外楼梯宽度：0.9m；层数：7

通过将几何模型代入仿真模拟软件Pathfinder，设置不同疏散能力的人员比例以贴近真实的疏散场景。其中，较好疏散能力人员速率1.19m/s，占比24%；一般疏散能力人员速率1.00m/s，占比56%；较差疏散能力人员速率0.70m/s，占比20%。人员总数根据调研走访与推测，按照一间卧室设置两人，人员行为为"To any exit"，行为模型为"Steering"（表5-2）。

参数设置　　　　　　　　　　表5-2

内容	参数
人员年龄	2~70岁

续表

内容	参数
人员身高	1.2~1.8m
人员肩宽	0.3~0.5m
人员占比及行进速率	24%疏散能力较好：1.19m/s 56%疏散能力一般：1.00m/s 20%疏散能力较差：0.70m/s
行为模式	To any exit
计算模型	Agent-based
行为模型	Steering
户门宽度	0.9m
疏散出口宽度	1.2m

5.2 安全出口的疏散机制及难点问题

运用仿真模拟软件Pathfinder，模拟获得不同类型安全出口的人员疏散时间、人员密度云图、人员疏散路径等数据。以人员自疏散开始到逃离住宅安全出口的总疏散时间作为判断疏散效率的依据，以疏散肌理判断拥堵发生的位置与时间。通过提取人员密度和人员疏散路径这些数据的动态变化，识别不同类型安全出口的疏散难点，详细的分析见下文。

5.2.1 落地式安全出口疏散机制及难点

（1）落地直出式

疏散人群中，首层人流呈单股分布，顺畅无拥堵，但存在疏散能力较差的人员阻碍他人疏散的现象。通过观察疏散轨迹发现，人员的拥堵主要发生在住宅内2~6层的竖向楼梯间，导致疏散速度下降，而在首层梯段部分，拥堵状况缓解，人员快速疏散到达室外。结合人员密度云图分析，拥堵主要发生在竖向楼梯间，顶层及首层的楼梯梯段拥堵程度相对较轻。进一步观察发现，在住宅首层设计合理的人流引导措施、出口布局和宽敞的通道有助于减少拥堵发生（表5-3）。为此，建议加强人员疏散能力的培训和指导，提高住户对紧急疏散的认识和应对能力，并优化建筑设计，增加疏散通道和设施，以提高整体疏散效率和安全性。

落地直出式安全出口各时间节点人群密度分布　　　　　表5-3

出口类型	落地直出式	
实验设定	楼栋总人数：112人；楼栋数：1栋；层数：7层；每层人数：16人	
时间	9s	196.8s
特征	首人离开住宅	疏散完成
人员密度云图		
图例	密度 occs/m² 0.55 0.795 1.04 1.285 1.53 1.775 2.02 2.265 2.51 2.755 3	

（2）落地走道式

疏散人群在首层走道到达户外区域内疏散通畅，人流单股分布，呈秩序疏散，未出现拥堵。观察人员轨迹发现，人员拥堵主要发生在住宅内楼梯间中，该楼梯疏散宽度较宽，导致形成多股人流涌入形成拥挤，但当到达首层走道后，变成单股人流呈线性快速到达室外，无人员拥堵情况发生。结合人员密度云图分析，从室内疏散楼梯间到达首层走道及室外的过程无拥堵发生，推测是室内疏散楼梯间衔接首层走道的出入口相对狭窄，使得疏散人员有序进入首层走道（表5-4）。

落地走道式安全出口各时间节点人群密度分布　　表5-4

出口类型	落地走道式		
实验设定	楼栋总人数：294人；楼栋数：1栋；层数：7层；每层人数：42人		
时间	4s	210s	214.5s
特征	首人自楼梯间进入首层走道	人员全部进入首层走道	疏散完成
人员密度云图			
图例	密度 occs/m² ： 0.55 0.795 1.04 1.285 1.53 1.775 2.02 2.265 2.51 2.755 3		

（3）落地大堂式

疏散人群在首层大堂到达户外区域时呈秩序疏散，未出现拥堵情况，但存在因人员运动能力的差异导致疏散进程变缓的问题。通过观察人员疏散轨迹发现，拥堵主要发生在住宅内楼梯间，导致人员疏散速度降低，到达首层大堂后，人员有序排列，整体呈线性通过楼梯间，且安全出口空间相对宽裕，人员未发生拥堵，能够顺利通过大堂疏散至室外。从疏散时间看，22s时人员自疏散楼梯间进入大堂，1455s时所有楼层人员进入大堂，也就是说，楼梯间大部分时间处于拥堵状态，最终1471.3s时全部人员完成疏散。结合人员密度云图进一步分析，从楼梯间到达首层大堂及室外的过程中无拥堵发生，猜测是因为拥堵持续发生在室内竖向疏散楼梯间，使得疏散人员有序进入首层大堂（表5-5）。此外，大堂空间的宽裕且设计合理，安全出口设置合理，通风良好，人员能够迅速、有序地从大堂疏散至户外，确保了整个疏散的顺利进行。与此同时，有序的引导和管理也有效地减少了混乱和拥堵现象的发生，保障了人员和生命财产的安全。

落地大堂式安全出口各时间节点人群密度分布　　　　表5-5

出口类型	落地大堂式		
实验设定	楼栋总人数：1440人；楼栋数：1栋；层数：30层；每层人数：48人		
时间	22s	1455s	1471.3s
特征	首人自疏散楼梯间进入大堂	人员全部进入大堂	疏散完成
人员密度云图			
图例	密度 occs/m² 　0.55　0.795　1.04　1.285　1.53　1.775　2.02　2.265　2.51　2.755　3		

5.2.2 非落地式安全出口疏散机制及难点

（1）非落地点式

疏散人群在户外点式平台与到达地面层的竖向楼梯区域内疏散通畅，未出现拥堵或因人员运动能力差异导致的阻滞疏散现象。这一顺畅的疏散流程为我们提供了宝贵的观察数据，深入了解疏散过程中的关键细节，通过观察人员疏散轨迹，发现拥堵主要发生在住宅中的竖向疏散，尤其是在二层以上的楼梯区域。然而，值得注意的是，尽管楼梯间出现了拥堵，人员依然能够相对有序地快速离开安全出口。通过观察疏散时间（表5-6），可以清晰地看到整个疏散过程的时间节点，从14s开始，人员自疏散楼梯间进入点式平台，340s时所有人员离开室内，再到342s时全部进入与地面层相接的竖向楼梯，最终在353.3s时全部完成疏散，这一时间线表明了疏散过程的高效性和及时性。结合人群疏散密度云图的分析，可以看出从室内疏散楼梯间到达平台及与地面相接的竖向楼梯均未出现拥堵情况。这一现象引发了我们的思考：难道是因为拥堵持续发生在室内疏散楼梯间，促使疏散人员在进入户外平台时更为有序？此外，平台在与地面相接的竖向楼梯在疏散宽度增加的情况下，人员通行能力得到了显著提高，为整个疏散过程的顺利进行提供了重要保障。

非落地点式安全出口各时间节点人群密度分布　　　表5-6

出口类型	非落地点式			
实验设定	楼栋总人数：192人；楼栋数：1栋；层数：6层；每层人数：32人			
时间	14s	340s	342s	353.3s
特征	首人自疏散楼梯进入点式平台	人员全部离开室内	人员全部进入竖向楼梯	疏散完成

续表

出口类型	非落地点式			
人员密度云图	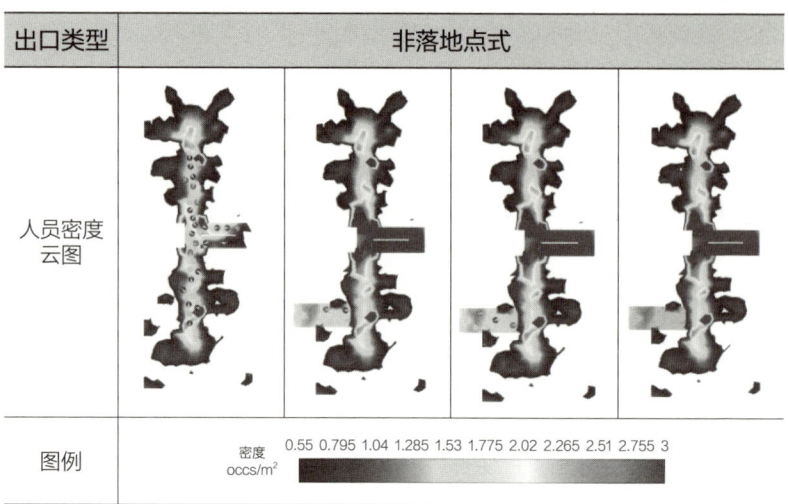			
图例	密度 occs/m² 0.55 0.795 1.04 1.285 1.53 1.775 2.02 2.265 2.51 2.755 3			

（2）非落地走道式

疏散人群在户外走道与到达地面层的竖向楼梯的转角交接区域出现拥堵情况，尤其是运动能力较差的人员阻滞了疏散进程（图5-2）。观察人员疏散轨迹发现，由于走道宽度有限，当疏散能力较差的人员走在疏散速率更高的人员前面时，后面的人无法超越前面速率低的人员，从而被迫减速，使得人流成团前进，当两边两团人员相遇时，会在走道与楼梯衔接处形成拥堵。从人员疏散时间看（表5-7），13s开始人员自疏散楼梯间进入户外走道，404s全部人员离开室内汇入平台，425s

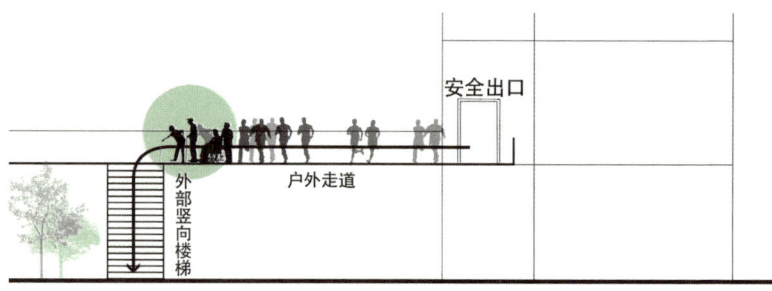

图5-2 疏散能力较差人员阻滞疏散进程

非落地走道式安全出口各时间节点人群密度分布　　　　表5-7

出口类型	非落地走道式		
实验设定	楼栋总人数：448人；楼栋数：2栋；层数：7层；每层人数：32人		
时间	13s	130s	404s
特征	首人自疏散楼梯间进入走道	走道形成区域拥堵	人员全部汇入走道
人员密度云图			
时间	425s	440.8s	
特征	全部进入竖向楼梯	疏散完成	
人员密度云图			
图例	密度 occs/m² 0.55 0.795 1.04 1.285 1.53 1.775 2.02 2.265 2.51 2.755 3		

全部人员进入与地面层相接的竖向楼梯，最终440.8s全部人员完成疏散。结合人员密度云图进一步分析，从室内疏散楼梯间到达户外走道期间无拥堵发生，但在户外走道与地面层相接的竖向楼梯的转角交接处出现局部拥堵，持续时间为130s到425s。

（3）非落地环形走道式

疏散人员在户外走道与三个安全出口的衔接处均出现大面积拥堵，且因安全出口人员分布不均导致疏散轨迹杂乱，甚至出现路线交叉。通过观察人员疏散轨迹发现，足够宽阔的走道让所有人员都能以其最快的速度到达离自身最近的出口，但由于三个安全出口分布位置的问题，当疏散人员趋向最近的出口疏散时，三个安全出口会出现十分明显的人员分布不均，疏散人员最多的安全出口迫使后续人员更改路径选择其他出口，紧接着其他安全出口出现拥堵，此时，原本应该通过该出口疏散的人员会出现折返，进而造成疏散路径的交叉（图5-3）。从人员疏散时间来看（表5-8），从6.8s时人员自疏散楼梯间进入户外走道，169.3s时全部人员进入户外走道，225.4s时全部人员进入竖向楼梯，234.8s时人员全部疏散完成。结合人员密度云图进一步分析，拥堵位置集中在室外走道与三个出口的衔接处，并扩大到走道空间，自27s拥堵开始形成，在137.6s达到顶峰。

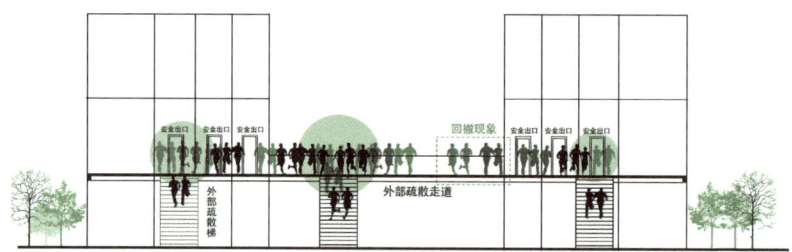

图5-3　出口人员分布不均导致疏散路线交叉

非落地环形走道式安全出口各时间点人群密度分布　　　表5-8

出口类型	非落地环形走道式		
实验设定	楼栋总人数：784人；总楼栋数：13栋；层数：7层；每层人数：8人（12栋）/16人（1栋）		
时间	6.8s	27s	137.6s
特征	首人自疏散楼梯进入走道	拥堵形成	拥堵范围达到最大
人员密度云图			
时间	169.3s	225.4s	234.8s
特征	全部人员汇入走道	全部人员进入竖向楼梯	疏散完成

续表

出口类型	非落地环形走道式		
人员密度云图			
图例	密度 occs/m² 0.55 0.795 1.04 1.285 1.53 1.775 2.02 2.265 2.51 2.755 3		

（4）非落地平台式

疏散人群在户外平台与到达地面层的竖向楼梯的交接区域出现持续的拥堵，对户外平台的其他空间利用不充分。通过观察人员轨迹发现，在户外平台区域，空间宽阔，出现疏散能力较好对疏散能力较差人员超越的现象，导致大量的人员堆积在安全出口处，但在与地面层相接的竖向楼梯中，因其宽度有限，疏散能力较差的人员在前方阻滞了疏散的进行，降低了竖向楼梯的疏散效率（图5-4）。结合人员密度云图分析，从室内疏散楼梯间到达户外平台无拥堵，但自户外平台到达与地面层相接的竖向楼梯时，出现锥形瓶效应，大量人员在此区域积压，自60s到778s产生持续性的严重拥堵（表5-9）。

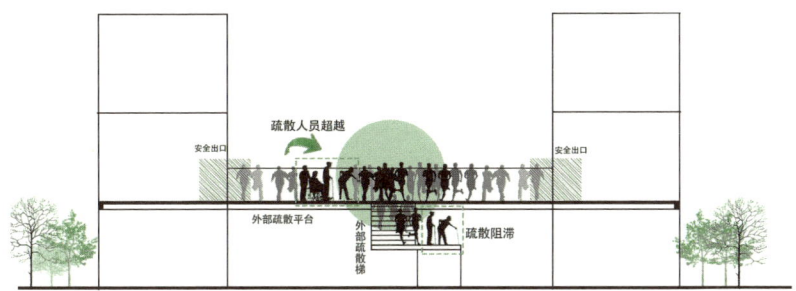

图5-4 竖向楼梯交接区域拥堵、人员超越现象及疏散阻滞

非落地平台式安全出口各时间节点人群密度分布 表5-9

出口类型	非落地平台式		
实验设定	楼栋总人数:448人;楼栋数:2栋;层数:7层;每层人数:32人		
时间	14s	60s	398s
特征	首人自疏散楼梯间进入户外平台	拥堵形成	汇入户外平台
人员密度云图			
时间	778s	790s	
特征	人员全部进入竖向楼梯	疏散完成	
人员密度云图			
图例	密度 occs/m² 0.55 0.795 1.04 1.285 1.53 1.775 2.02 2.265 2.51 2.755 3		

5.3 安全出口的疏散优化预案

不同类型的住宅安全出口对应的疏散难点存在显著差异,其中落地式类型的安全出口从疏散楼梯间直达首层,无需进一步的竖向转换便可直接通过走道、大堂到达室外,根据其原疏散实验的疏散肌理表现,在安全出口区域内,人员的疏散状况良好,即便在最有可能发生拥堵的单元出入口位置,如落地大堂式,尽管疏散宽度在首层大堂到单元出入口出现变窄，但实际因人员秩序疏散，在单元出入口位置仍疏散顺畅。相比之下，非落地式类型的安全出口从疏散楼梯间到达单元出入口后，还需通过进一步的水平及竖向转换才能够到达地面层完成疏散，在该过程中，疏散路径延长且缓冲空间利用的不充分，导致出现拥堵状况，增加了疏散危险性。因此，相较于落地式的安全出口，非落地式安全出口的疏散危险性更大，面临的拥堵情况更为严峻。在非落地类型的安全出口中，非落地直出式几乎未增加缓冲空间，对疏散路径的延长也有限，故不对此展开预案研究。现针对非落地走道式、非落地环形走道式、非落地平台式三种类型，根据各自的难点问题，提出预案的猜想并通过模拟实验验证，以确定各类型安全出口的最优疏散预案。

5.3.1 非落地走道式

针对由于走道宽度有限和疏散能力较差的人员阻滞疏散进程，导致人流不均匀、不连续、在户外走道和竖向楼梯的衔接处出现拥堵的问题，为不同疏散能力的人员划分不同的疏散区域来提高疏散效率，从而构建预案实验。由于疏散能力较差的人员阻碍后方的疏散人员，导致人员成团前进，整体疏散速率降低，因此提出将人员分流，为疏散能力较差的人员在户外走道中划分出慢行通道，避免其影响到其他人员的疏散，使人流更加均匀和连续，减轻拥堵，从而提升疏散效率。鉴于户外走道宽度有限，慢行通道的宽度需要进行讨论，在不影响其他疏散人员和更宽裕的慢行通道空间之间获取一个平衡点。

为了确定能够提升疏散效率的最佳慢行通道宽度，以慢行通道宽度为变量，进行预案的对比实验。由于户外走道宽度有限，通过疏散人员中的最大肩宽确定慢行走道的取值区间，在原疏散实验走道中，为疏散能力较差的人员规划出慢行通道空间，无人占用时其他人员也可以使用这个空间，同时考虑人员的行为习惯，将慢行通道设置在靠右侧。以航点的直径来控制慢行通道的宽度，分别为0.45m、0.6m、0.75m、0.9m、1.05m，其他参数与原疏散实验相同（表5-10）。

非落地走道式疏散实验预案 表5-10

组别	原疏散实验	预案一	预案二
慢行通道尺寸	—	0.45m 占比30%	0.6m 占比40%
预案示意图	—		

组别	预案三	预案四	预案五
慢行通道尺寸	0.75m 占比50%	0.9m 占比60%	1.05m 占比70%
预案示意图			
图例	慢行走道		

通过分析各个预案实验的疏散时间和人员密度云图,相比于原疏散实验,五个预案实验在疏散效率和人员拥堵方面的优化都十分有限。从疏散时间上来看,五个预案中的最佳预案只优化2.3s,时间对比见图5-5,从人员密度云图来看,五个预案与原疏散实验差别甚微(表5-11)。进一步观察人员疏散轨迹发现,为疏散能力较差的人员划分出慢行通道之后,由于户外走道空间有限,在慢行通道内靠边前进的疏散能力较差人员还是会出现阻碍后面疏散能力较好的人员的情况,无法达到人员分流的效果,以标识为手段的疏散优化存在局限性。因此,在空间不足的情况下,应该考虑以改造空间为手段的优化方案。

非落地走道式预案模拟结果 表5-11

组别	原疏散实验	预案一	预案二
人员密度云图			

续表

组别	原疏散实验	预案一	预案二
总疏散时间	440.8s	440.3s	442.0s

组别	预案三	预案四	预案五
人员密度云图	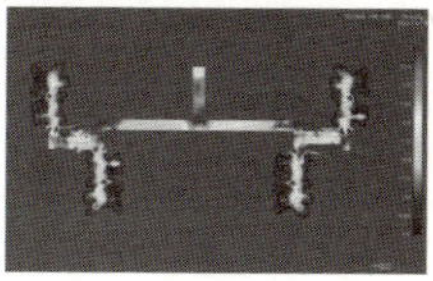	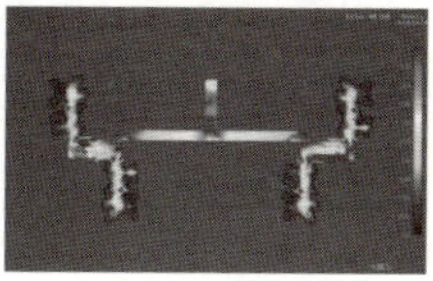	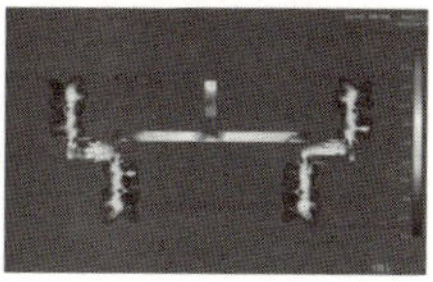
总疏散时间	440.0s	439.5s	438.5s

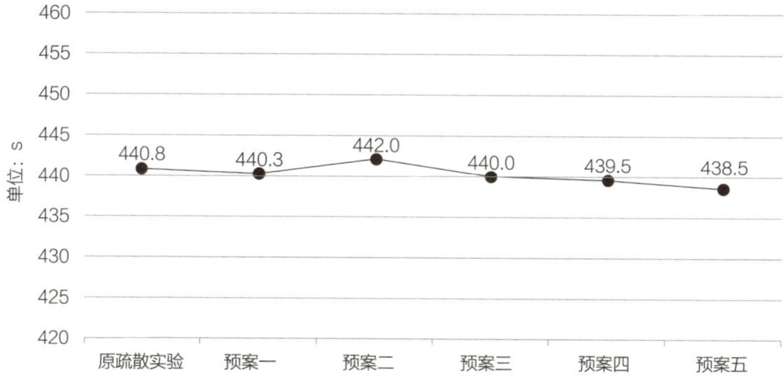

图5-5 非落地走道式预案模拟总疏散时间对比

5.3.2 非落地环形走道式

针对户外走道与安全出口的竖向楼梯衔接处大量疏散人员汇集造成严重拥堵，以及不同安全出口人员分布不均匀、人员疏散轨迹杂乱、部分人员疏散路线交叉等难点，为疏散人员规划明确的疏散路径，并在此基础之上根据疏散能力的差异让一部分人员进行错峰等待。通过为疏散人员指定明确的疏散出口、规划疏散路径来解决不同安全出口人员分布不均与疏散轨迹杂乱的问题，同时能够避免人员疏散路线交叉。在疏散人员有规定疏散出口的情况下,两个不同楼栋的安全出口之间必然会存在不被使用的空间,此时,让疏散能力较差人员在此区域中进行错峰等待,能够进一步降低安全出口的人员密度。其他楼栋则在不影响其他人员疏散的情况下,在走道划分出一块空间作为该楼栋的等待区域,所需的等待时间根据原疏散实验的疏散肌理进行具体规定。

将具体的人员行为与等待区域代入疏散实验场景,其余空间人员数据与原型实验保持一致,保证预案实验数据的有效性。将楼栋与安全出口进行编号,分别为A、B、C出口,1、2、3、4、5、6、7、8、9、10、11、12、13号楼。将疏散人员尽可能平均分配,1~4号楼的人员从A出口疏散,5~9号楼的人员从B出口疏散,10~13号楼的人员从C出口疏散。在4号楼和5号楼之间划分出4、5号楼疏散能力较差人员共用的等待区域,在9号楼和10号楼之间划分出9、10号楼疏散能力较差人员共用的等待区域,其余楼栋的等待区域按照原疏散实验与楼栋位置在走道中划分等待区域(图5-6)。通过观察分流之后的疏散能力较好和一般人员所需的走道疏散时间确定疏散能力较差人员的等待时间,从A出口疏散的疏散能力较差人员需要等待190s,从B出口疏散的需要等

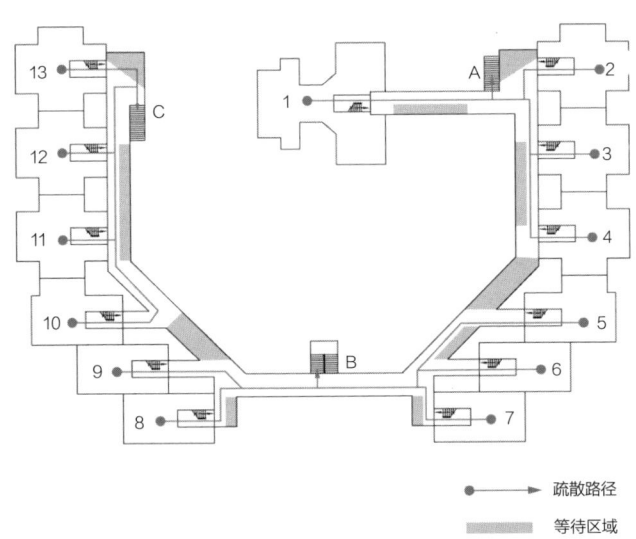

图5-6 非落地环形走道式疏散实验预案构建

待160s,从C出口疏散的需要等待150s。

在预案实验中,合理规划疏散人员的路线并安排部分人员错峰等待,能有效缓解安全出口处的严重拥堵,但出现了等待区域面积与等待人员数量难以匹配的情况。相比于原型实验,在整体疏散时间增加不到15s时,三个安全出口的拥堵情况得到很大的缓解,整体的疏散肌理也更加均匀。但由于不同疏散能力人员的随机分布,每栋疏散能力较差的人员数量不同,因此每栋所需要的等待区域面积也不同,难以保证等待区域面积大小与等待人员数量呈正相关对应,经过统计,详细的人数与等待区域面积见表5-12。

等待区域相关数据　　　　表5-12

楼栋	0.7m/s人数	等待区域面积m^2	人均等待面积m^2/人
1	6	12.7	2.11
2	6	14	2.33
3	6	16	2.67
4、5	12	27	2.25
6	24	8.2	0.34
7	6	5.8	0.97
8	24	5.8	0.24
9、10	18	23	1.28
11、12	12	23.3	1.94
13	18	14.6	0.81

如果想要以错峰等待为手段来优化疏散,则等待区域需要有合适的人均面积,为了得到该人均面积数值,提取预案实验中的一栋住宅楼,以人均面积为单一变量,进行对比实验。通过观察预案实验结果,发现人均面积为0.24m^2/人时会出现过于拥挤从而阻碍其他疏散能力人员通行,人均面积0.81m^2/人时开始出现明显的空间没有利用充分的情况。为了获取更加精确合适的面积区间,从0.24m^2/人开始增加取值探

讨面积区间的最小值，分别为0.34m²/人、0.44m²/人、0.54m²/人，从0.81m²/人开始减小取值探讨面积区间的最大值，分别为0.71m²/人、0.61m²/人、0.51m²/人。将六组数据带入实验场景进行对比模拟，实验场景与模拟结果见表5-13。

非落地环形走道式预案模拟结果　　　　　表5-13

组别	实验场景与变量	模拟结果	组别	实验场景与变量	模拟结果
疏散能力较差人数：24 等待区域面积：8.16m² 人均面积：0.34 m²/人			疏散能力较差人数：24 等待区域面积：10.56m² 人均面积：0.44 m²/人		
疏散能力较差人数：24 等待区域面积：12.96m² 人均面积：0.54 m²/人			疏散能力较差人数：24 等待区域面积：17.04m² 人均面积：0.71 m²/人		
疏散能力较差人数：24 等待区域面积：16.64m² 人均面积：0.61 m²/人			疏散能力较差人数：24 等待区域面积：12.24m² 人均面积：0.51 m²/人		
图例			等待区域		

等待区域的人均面积以0.44～0.51m²/人最为合适。通过对模拟结果中人员肌理的观察，人均面积0.34m²/人时，人员以十分拥挤的状态站满整个等待区域，稍有溢出，人均面积0.44m²/人时，人员能够以较为松散的状态占满等待区域，人均面积0.51m²/人时，开始出现明显的剩余空间，因此等待区域的人均面积区间为0.44～0.51m²/人时最为合适，小于0.44m²/人时，人员会溢出等待区域，从而可能影响其他疏散能力人员的疏散，大于0.51m²/人时，等待区域没有得到充分利用，剩余的空间会被浪费。

5.3.3 非落地平台式

户外平台与到达地面层的竖向楼梯的交接区域持续性地涌入大量人群产生严重拥堵，同时因楼梯宽度有限，疏散能力较差的人在前方阻滞了疏散快速进行，因此根据人员的疏散能力差异对户外平台进行精细的区域划分构建预案实验。该形式安全出口在户外平台与地面层相接的竖向楼梯交接区域，因人员的大量聚集等待，出现了严重且持久的拥堵，考虑到疏散当中大部分平台空间未被利用，可以将人员疏散至规定区域等待，减少人群聚集，缓解户外平台与地面层相接的竖向楼梯交接区域的拥堵状况；其次考虑到人员在疏散能力上的差异性，为照顾疏散能力较差人员的体能状况并避免疏散能力较差人员阻滞整体疏散的进程，规定等待区域根据疏散能力来进行划分，所需等待时间也将会结合疏散能力和所处楼层进行具体规定（图5-7）。

在预案实验中，首层全体人员及2～7层运动能力较好人员自由疏散，2～7层疏散能力一般人员自140s、230s、

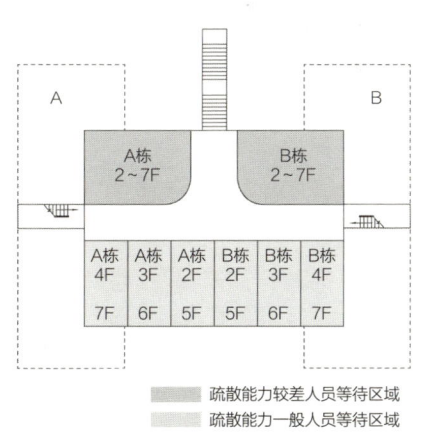

图5-7 非落地平台式疏散实验预案构建

320s、360s、440s、530s依次疏散，2~7层疏散能力较差人员自600s、670s依次疏散，从疏散结果来看是较优预案。实验预案的构建基于户外平台等待区域的划分、人员疏散能力及不同楼层疏散快慢的差异性。考虑到首层人员开始疏散时，疏散空间充裕，故不设首层人员等待区域，让首层全体人员自由疏散，为保证有一定量的人员持续快速疏散，每层疏散能力较好人员同样不设等待区域；考虑到人员疏散能力的差异性和平台靠近接地楼梯区域承载量有限，在户外平台靠近接地楼梯的一侧划分两个面积足够充裕的等候区域，各容纳一栋楼中2~7层疏散能力较差的人员进行等待，在远离接地楼梯一侧划分六个面积足够充裕的等候区域，分别容纳两栋楼的2~4层疏散能力一般及较差的人员等待，因5~7层人员与2~4层人员到达平台空间在时间上是错开的，这六个等候区域同样对应容纳两栋楼的5~7层人员进行等待。在实验构建中，2~7层疏散能力一般及较差人员需要等待，人员自室内疏散至户外平台已经是到达一个相对安全的区域，考虑到提高整体的疏散速率和照顾疏散能力较差人员的体能问题，在实验中让2~7层运动能力一般人员先于2~7层运动能力较差人员进行疏散。位于等待区域内人员的等待时间是根据人员逐层疏散模拟的实验肌理而确定的。根据各层疏散人员在户外平台与接地竖向楼梯交接区域的人员数量变化肌理，当交接区域人员将要全部进入接地竖向楼梯时，位于等候区域的人员开始疏散，由此获取不同等待区域的等待疏散时间临界点，2~7层运动能力一般人员等待时间分别为140s、230s、320s、360s、440s、530s，两栋2~7运动能力较差人员等待时间分别为600s、670s。该预案从模拟结果看，在总疏散时间上较原型疏散仅优化了2.5s，优化程度就疏散时间基数而言并不明显，但从疏散肌理看，户外平台的疏散秩序明显加强，人员不再盲目聚集，而是有序到达各个等待区域等候疏散，大幅缓解了户外平台与接地楼梯附近区域的拥堵状况，舒缓了应急状况下人员的紧张心理，减少了因拥挤而发生踩踏等二次伤害的可能性（表5-14）。

非落地平台式预案模拟结果对比　　　　　　　表5-14

方案	原疏散实验	预案
总疏散时间	790.0s	787.5s
人员密度云图		

5.4　安全出口标识系统优化设计策略

通过对三种非落地式安全出口类型进行原型及优化预案的模拟实验，论证了安全出口在拥有一定的缓冲空间时，采用引导分流和错峰等待的疏散方式能够有效缓解疏散的拥堵状况，保障疏散进程的安全性。在原型疏散模拟中，这三种非落地式安全出口有相当部分的疏散空间未被合理利用，疏散人群出现从众和盲目行为，未能理智判断疏散进程，人群的聚集造成无谓的拥堵，因此，在拥有一定缓冲空间的安全出口类型中，通过置入标识系统，进行合理的路径指引能够有效避免拥堵的持续性发生，提高疏散效率。

（1）优化不同安全出口类型的疏散标识布点位置

安全出口区域的标识放置需要充分考虑不同安全出口类型的疏散空间、空间内疏散尺度的变化及可能的堵点位置。标识的正确放置应当能够让疏散人员提前获知关键区域的拥堵状况，使之能够结合标识内容和自身的疏散能力作出理智的疏散选择。在非落地式的安全出口疏散过程中，自离开单元出入口到达户外疏散空间一般无拥堵发生，而在户外走道或平台接地楼梯的区域附近（包括楼梯梯段）极易发生拥堵，且人员会长时间聚集，成为持续性的拥堵，易造成人员的恐慌和增加次生伤害发生的可能性。因此，对于易在户外走道或平台连接竖向楼梯的区域内发生拥堵的安全出口类型，需提前在单元出入口至户外走道或平台的前半段设置标识信息，使其根据各自不同的疏散条件，选择其他接地楼梯进行疏散或是寻找缓冲空间等待，减少不必要的拥堵。非落地环形走道式在两栋住宅之间有户外走道空间，人员使用低，此外部分楼前有一定的区域，可在住宅单元出入口附近设置标识，引导部分人员前往这类区域进行暂停等待，缓解架空走道与接地楼梯区域内的拥堵；在非落地环形走道式类型中有多个接地楼梯，也可在单元出入口位置设置标识引导部分人员前往拥堵较轻的接地楼梯完成疏散。非落地平台式在两栋住宅之间有一个面积充裕的架空平台，因此可在单元出入口位置设置带有相应信息的方向标识，帮助人员选择直接疏散或是前往平台等待（图5-8）。

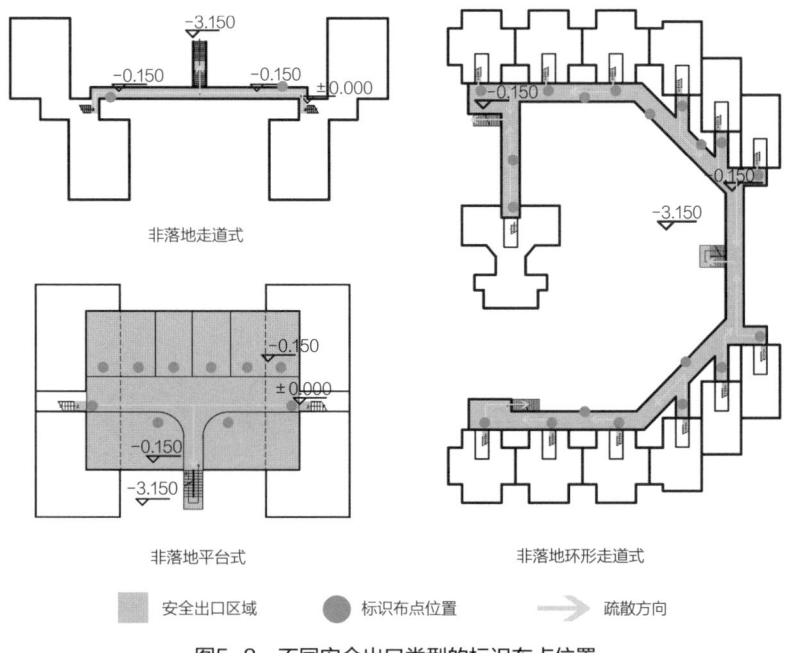

图5-8 不同安全出口类型的标识布点位置

（2）优化不同安全出口类型的疏散标识信息内容

不同类型的安全出口需要增设不同的疏散标识信息内容，包括拥堵情况、疏散路径、等待时长等信息（表5-15）。对于路径单一的安全出口类型，主要是考虑有无缓冲空间可以容纳部分人员进行等待，标识所提供的是指引前往等待区域及等待时长等信息；对于有多路径、多接地楼梯的安全出口类型，标识则要考虑增设方向指引、路径及接地楼梯选择等信息，若该类型安全出口还有一定的缓冲空间，标识可合并考虑对于等待区域的指引和等待时长的信息。例如在非落地平台式安全出口中，人员自室内到达户外平台，无路径选择即可通过平台和楼梯到达地面层，所以标识无须增设疏散路径的指引，而是要在单元出入口位置设置疏散标识，提示部分人员需去指定区域进行等待，并在等待区域内动态告知等待时长。在非落地环形走道中，有多个接地楼梯与环形走道相接，在进行疏散时，需合理调配各个接地楼梯承载的疏散人员，在标识上提供疏散方向、疏散出入口的信息，帮助疏散人员选择最优接地楼梯完成疏散。

各类安全出口所需的疏散标识内容 表5-15

类型	非落地走道式	非落地环形走道式	非落地平台式
疏散标识内容	拥堵情况	拥堵情况	拥堵情况
	疏散路径	疏散路径	—
	—	等待时长	等待时长

（3）结合实时信息优化疏散标识动态输出

静态标识系统在疏散过程中所能提供的信息是有限的，标识内容结合动态的输出方式能够实时传达灾害发展情况，供疏散人员选择安全合理的疏散方式。在非落地式安全出口的疏散过程中，因各接地楼梯的疏散承载力远小于疏散人员的数量，那么在疏散初期如何将接地楼梯附近的人流量控制在安全的范围内是非常重要的，而人员的疏散往往是盲目的，通过动态标识能够给予疏散人员实时的拥堵情况提示，便于人员选择等待或继续疏散。在疏散过程的中后期，在有错峰等待区域的安全出口类型中，动态标识信息能够实时更新等待时长，便于疏散人员选择合适的时间节点进行进一步的疏散，使得疏散有序完成。此外，在多接地楼梯的安全出口类型中，动态标识可以为疏散人员提供不同的路径选择，有效提高各接地楼梯的疏散使用率（图5-9）。

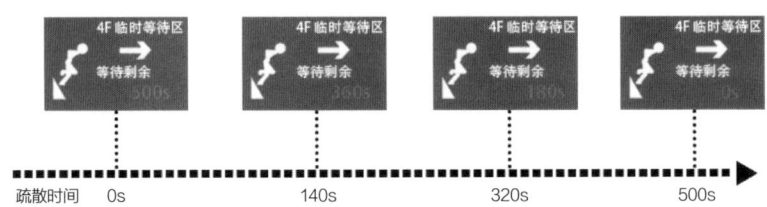

图5-9 动态等待标识示意图

第 6 章
小区疏散道路的疏散机制及标识优化

6.1 小区疏散道路实验方案

老旧小区存在住区道路有效疏散宽度较窄，部分住宅安全出口与小区出口之间疏散距离过长，且小区道路的疏散引导标识缺失或不明确等共性问题，因此，本章节将基于以上问题探讨老旧小区内部小区疏散道路的有效优化策略。小区疏散道路实验需充分考虑各楼栋的疏散人流量、小区道路的承载能力、路面的信息指引等。实验第一步是根据不同类型的小区结构进行量化分析，结合空间数据和人员参数构建疏散场景；第二步是利用疏散模拟软件Pathfinder模拟获取不同场景下的疏散轨迹、人员密度分布和疏散时间，通过数据分析识别疏散难点；第三步是针对这些难点制定优化策略，反复实验验证，寻求最佳方案，以指导应急疏散标识设计（图6-1）。

通过对深圳市39个老旧小区样本进行调研与收集，选取深圳南油生活A区、华联花园、文竹园、兰园，作为不同类型小区疏散道路的典型代表，以此构建出鱼骨式结构、内环式结构、网格式结构、"Ⅱ"贯穿式结构的几何模型（表6-1）。居住区内道路一般可分为三级，主路用以解决小区内外交通的联系，次路用于解决小区内部交通联系，宅前

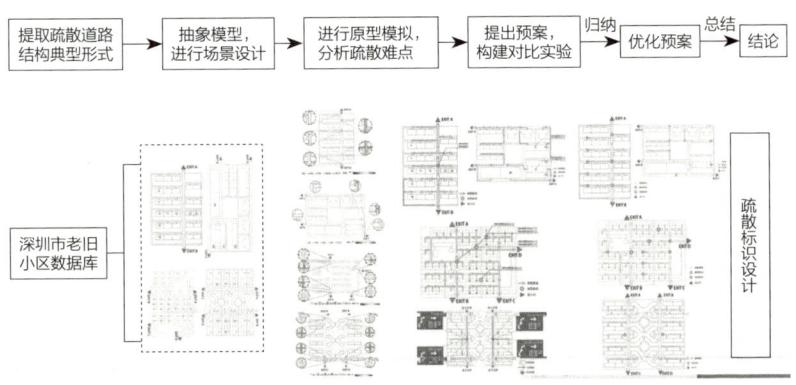

图6-1 实验方案

不同类型的老旧小区疏散道路几何模型　　　　　表6-1

疏散道路类型	鱼骨式	内环式	网格式	"Ⅱ"贯穿式
几何模型构建				
道路及出口宽度	主路: 6m；次路: 3m；宅前小路: 2m；出口宽度: 3m			
建筑布局	行列式	围合式	行列式	行列式

小路是通向各住宅单元前的小路。鱼骨式结构是指小区内部以一条单一方向的主路为主，串联次路，住宅楼群沿主路两侧排列。内环式结构是指小区主路为环形道路，次路由环形主路向四周发散，住宅楼群围绕中心环形主路进行围合式布置。网格式结构是指小区内部主次路为纵横交错的十字形，形成网格式的路网结构，住宅楼群在主、次路网格内呈规则阵列排列。"Ⅱ"贯穿式是指小区内由两条平行的单一方向的主路为主，并在主路上串联次路。住宅楼群沿着主路两侧呈规律阵列排列。

本章节结合相关规范要求和调研结果，构建老旧小区疏散道路典型形式的空间模型以简化研究的变量。根据上述提到的小区三级道路的分类，主路车行道宽度一般不小于9m，次路车行道宽度为6～8m，宅前小路宽度不应小于2.6m，但鉴于调研样本均为2000年前建设的老旧小区，内部未形成完善的人车分流系统，道路宽度较窄，故将小区内主要道路依照小区主路设定为6m，次路宽度设定为3m，宅前小路宽度设定为2m，小区出口宽度为单向车道宽度，按照能够开启的最大值设定为3m。

在调研中根据卫星街景信息对住宅单元宽度、住宅楼层数以及单元开口方式进行了数据采集。单元宽度在10~15m范围内的住宅占据了总样本量的83%，因此将理想模型中单元宽度统一设置为12m，对于同一小区内建筑楼层存在差异的样本，楼层数量按照平均数记录。依据《城市居住区规划设计标准》GB50180-2018对住宅层数的划分方法，分别记录了低层（1~3层）、多层Ⅰ类（4~6层）、多次Ⅱ类（7~9层）、高层Ⅰ类（10~18层）以及高层Ⅱ类（19~26层）的样本比重分布。调研结果显示，多层Ⅱ类建筑数量占据样本总量的74%，是出现频率最高的楼层类型，因此将理想模型中建筑楼层设置为7层。由上述基础参数分别构建不同类型的小区疏散道路几何模型（表6-1）。

在实验模拟过程中，人群的数量、分布及在疏散过程中的移动轨迹，是动态还原真实性疏散场景的重要因素。设置人员参数时，按照调研数据老旧住宅每户平均4人，并根据楼栋平面户数设定人员总数。其中45%的男性和55%的女性，年龄阶段为2~70岁，其中疏散能力较好、一般、较差的人员占比分别为24%、56%、20%。人员初始位置根据建立的几何模型随机分布于住宅内。人员疏散速率根据不同的疏散能力分别设置：1.19m/s（疏散能力较好）、1.00m/s（疏散能力一般）、0.70m/s（疏散能力较差），人员行为设置为To any exit（表6-2）。

参数设置表 表6-2

内容	参数设置
人员年龄	2~70岁
人员身高	1.2~1.8m
人员肩宽	0.3~0.5m
人员占比及行进速度	24%疏散能力较好：1.19m/s 56%疏散能力一般：1m/s 20%疏散能力较差：0.7m/s

续表

内容	参数设置
行为模式	To any exit
计算模型	Agent-based
行为模型	Steering

6.2 小区疏散道路的疏散机制及难点分析

通过更详尽的场景参数设定来确定制约人群疏散效果的空间信息，减少参变量以排除不必要的干扰，同时简化冗余空间数据以提高计算机模拟的效率。在老旧小区中，道路空间被机动车、非机动车、垃圾箱等其他障碍物侵占严重，平均侵占率为道路空间的1/6。因此，在实验场景构建中根据调研结果统一将障碍物进行抽象设置，分别在主路上设置宽为2m的障碍物，次路上设置宽为1m的障碍物并随机分布，使得整体道路1/6的空间被侵占。行列式建筑布局模型的单元出入口统一向北侧开放，并在小区边界非出入口的位置设置明确界限限制人群穿行。

运用Pathfinder软件仿真模拟获得不同小区路网结构与空间布局下人群疏散全过程中行进速率、人群疏散密度云图、总疏散时间及各出口疏散时间的变化规律，进而整合和集成疏散过程信息（表6-3）。单位面积内人群密度的增加会导致行进速度的大幅降低并产生人群滞留现象，通过人群密度、人员疏散速率等动态数据变化特征分析，判定不同路网结构、空间节点中潜在的拥堵区域位置、范围及持续时间。同时，还需要记录实验过程中的总疏散时间和各出口的疏散时间，总疏散时间是指小区内首个居民开始疏散至全部居民逃离小区出口的时间，反映的是该小区整体的疏散效率与安危情况；各出口疏散时间则是指小区内各个出口的最后一名居民从该出口逃离小区的时间，反映的是小区各出口在发生灾害疏散时的人员承载情况和出口使用率高低。

小区疏散道路原疏散实验模拟

表6-3

参数设置	主路宽6m，次路宽3m，出入口宽度3m，人群类型：疏散速度较好：一般：较差=6：14：5	
行为模式	人员疏散速度：疏散能力较好：1.19m/s，疏散能力一般：1m/s，疏散能力较差：0.7m/s；模式设置为To any exit、Steering	
小区类型	鱼骨式	内环式
实验设定	楼栋数量28栋，总户数392户，总人数1568人，小区出口2个	楼栋数量21栋，总户数514户，总人数2056人，小区出口3个
人群疏散密度云图	（鱼骨式疏散密度云图，EXIT A、EXIT B）	（内环式疏散密度云图，EXIT A、EXIT B、EXIT C）
总疏散时间	246.3s	372.3s
小区类型	网格式	"Ⅱ"贯穿式
实验设定	楼栋数量51栋，总户数749户，总人数2996人，小区出口4个	楼栋数量30栋，总户数840户，总人数3360人，小区出口4个
人群疏散密度云图	（网格式疏散密度云图，EXIT A、EXIT B、EXIT C、EXIT D）	（"Ⅱ"贯穿式疏散密度云图，EXIT A、EXIT B、EXIT C、EXIT D）
总疏散时间	303.5s	255.3s

(1) 鱼骨式小区疏散道路的疏散机制及难点

鱼骨式小区疏散道路出口呈现线性拥堵，人员疏散轨迹集中在主路和楼栋前的次路，而对于西侧次路利用不充分。分析人群疏散时间显示，人员总疏散时间为246.3s，其中B出口率先完成疏散，疏散时间为236.8s时，A出口最后完成。结合人群疏散密度云图进一步分析，A、B出口附近的拥堵情况持续时间和人群分布均不同。在疏散过程中，该形式小区首先在接近出口的主、次路交汇处出现点状拥堵（图6-2），至145s时，人群全部集中于主路并在接近出口处等待通行，呈现线性拥堵。B出口率先完成疏散，拥堵区域持续时间较短。分析人群疏散路径发现靠近A、B出口的楼栋优先向最近出口疏散，在小区中间的楼栋因距离两个出入口的路程接近，出现人员随机选择的情况。此外，在整个疏散过程中，人群疏散轨迹均从楼栋前次路汇入主路进行疏散，未选择人流量并不大的西侧次路进行疏散。

(2) 内环式小区疏散道路的疏散机制及难点

内环式小区疏散道路中疏散路径不明确，且疏散人口分布不均，局部出口呈现集中拥挤。对人群疏散时间进行分析，总疏散时间为372.3s，其中A出口率先完成疏散，疏散时间为279.7s，B出口疏散时间为356s，C出口最后完成疏散，疏散时间为372.3s，A、C出口疏散时间相差92.6s。结合人群疏散密度云图进一步分析，A、B出口疏散通畅未形成拥堵，C出口附近线性拥堵严重且持续时间长（图6-3），在200s时达到拥堵高峰，道路有效宽度无法承载该区域的人群快速疏散。分析人群疏散路径发现小区东侧居民密度高，距离C出口较近，大量人群选择C出口疏散，导致C出口疏散压力大。另外，东侧居民通往C出口的主要道路为次干道，大量的人群聚集加上有效疏散宽度不足，使得道路拥挤加剧、持续拥堵时间加长。而A、B出口疏散人员较少，人群疏散速率更快。

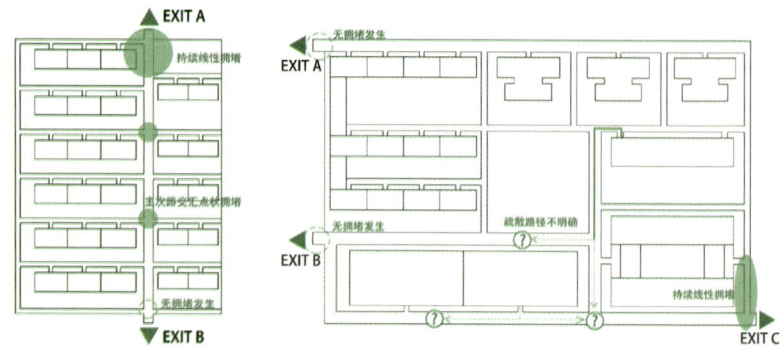

图6-2　鱼骨式小区疏散难点　　　图6-3　内环式小区疏散难点

（3）网格式小区疏散道路的疏散机制及难点

　　网格式小区疏散道路中路网规整，主、次路疏散明确，整体疏散速度较快，局部十字路口出现短暂拥堵，小区出口呈现线性拥堵。对人群疏散时间进行分析，总疏散时间为303.5s。其中C出口率先完成疏散，疏散时间为221s，D出口疏散时间为265s，B出口疏散时间为289s，A出口最后完成疏散，疏散时间为303.5s。A、C出口疏散时间相差82.5s。初步分析东南角居民较少，人群疏散较快，西侧人群较为密集，疏散较慢。结合人群疏散密度云图进一步分析，该形式小区首先在十字路口处出现短暂拥堵，随后人群逐渐向各出口汇集，集中于主路接近小区出入口处等待通行，呈现线性拥堵（图6-4）。分析人群疏散路径发现各出口疏散时间差异主要由于居民分布不均导致。

（4）"Ⅱ"贯穿式小区疏散道路的疏散机制及难点

　　"Ⅱ"贯穿式小区疏散道路主、次路疏散明确，居民数量分布均匀，各出口完成疏散时间差异较小，拥堵情况一致，均在靠近出口处呈现线性拥堵。对人群疏散时间进行分析，总疏散时间为255.3s。其中南侧C、D两个出口率先完成疏散，疏散时间均为247s，北侧A、B两个出口疏散时间分别为254s和255.3s。各出口完成疏散的时间相差不大，初步分析其原因为小区内部人员分布较为均匀，四个出口承载的疏散人员数量相近。结合人群疏散密度云图进一步分析，人群从住宅内部全部疏散出来后，首先在接近各出口的主、次路交汇处出现线性拥堵，随后人群逐渐向主路汇集，出口处主路的线性拥堵情况加剧（图6-5）。分析人群疏散路径发现居民疏散路径选择较为均衡，而出口处形成线性拥堵的主要原因为小区主路有效的疏散宽度无法满足瞬时人流的疏散。

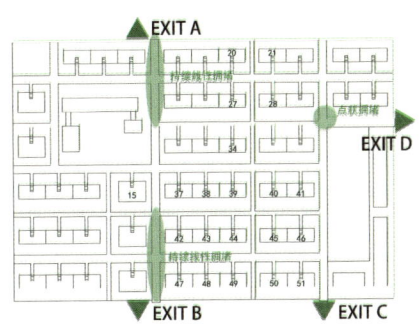

图6-4　网格式小区疏散难点　　　　图6-5　"Ⅱ"贯穿式小区疏散难点

6.3　小区疏散道路的疏散优化预案

不同类型的小区道路难点特征存在差异，根据各自的难点问题确定影响因素并进一步探寻优化方案，提出猜想而后构建对比实验方案进行实验，对实验结果加以分析，归纳实验数据规律，验证猜想的有效性，得到最优的道路疏散预案。

6.3.1　鱼骨式小区疏散道路

针对南油生活A区疏散人流在主、次路交汇处产生拥堵、两个出口之间疏散压力不等的疏散难点，构建将疏散人群分流至西侧次路的两个阶段对比模拟实验（图6-6）。

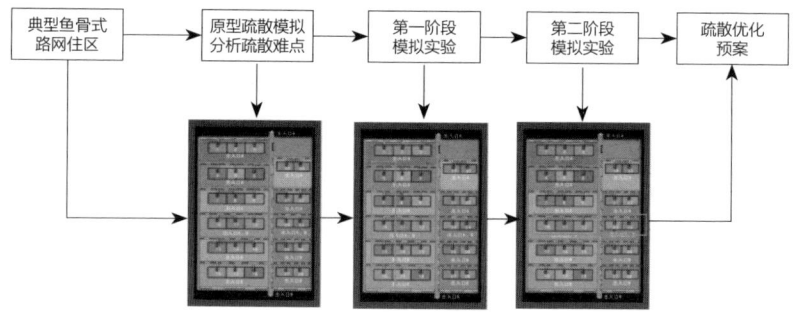

图6-6 鱼骨式小区方案流程图（方案图）

在第一阶段实验中，13、16号楼向B出口疏散的实验为优选方案。在权衡不增加过多疏散距离情况下，将接近西侧次路的4、7、10、13、16号楼作为单一变量，指定路径和出口完成疏散，构建第一阶段对比实验。本阶段实验分成两个步骤进行，首先将靠近西侧次路的4、7、10、13、16五栋楼以控制单栋楼疏散路径作为单一变量，分别将4、7号楼绕西侧次路向A出口疏散和10、13、16号楼绕西侧次路向B出口疏散的六组实验，其总疏散时间与原型方案相比较发现，13、16号楼绕西侧次路向B出口疏散的总疏散时间少于原型方案。因此第二步实验中只构建13、16号楼向B出口疏散的实验，其总疏散时间为244.3s，优于原型方案的246.3s（图6-7、表6-4）。

通过分析第一阶段实验中的优选方案，B出口早于A出口完成疏散，说明B出口仍有一定的疏散承载能力，该形式小区中间五栋楼因距两个出口距离相近，出现人员随机选择出口的情况，于是在第一阶段优选方案的基础上，将10、11、12、23、24号楼的人员数量进行划分，单一改变指定楼栋特定比例人员的疏散轨迹，指定出口疏散，构建第二阶段对比实验。将距离A、B出口路程接近的10、11、12、23、24五栋楼中人员作为实验对象，通过改变在A、B出口完成疏散的人数比例作为单一变量，依次进行11组实验。通过分析实验数据，在五栋楼人员100%向A出口疏散时，总疏散时间为279.5s，两个出口完成疏散的时间差为47.4s，随着减少五栋楼向A出口疏散的人数比例，总疏散时间和两个出口疏散时间差出现显著减少的趋势,当这五栋楼人员的40%向A出口,60%向B出口疏散时,总疏散时间达到最少,为243.3s,两个出口完成疏散的时间差为1.5s,说明A、B出口在总疏散时间内的承载量均达到了饱和,若继续减少向A出口疏散的人数比例,总疏散时间和两个出口疏散时间差又将出现增加(图6-8、表6-5)。

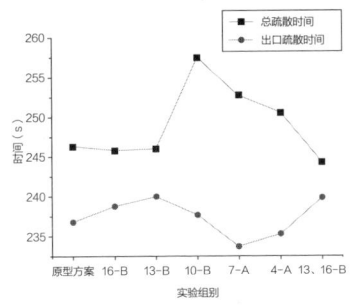

图6-7　第一阶段实验数据图　　　　图6-8　第二阶段实验数据图

鱼骨式小区第一阶段对比实验结果　　　　　　　　　　　表6-4

实验变量	鱼骨式小区疏散道路单栋楼			
疏散方案	原疏散实验	13号楼绕西侧次路 B出口	16号楼绕西侧次路 B出口	10号楼绕西侧次路 B出口
总疏散时间	246.3s (A出口)	246.0s (A出口)	245.8s (A出口)	257.5s (B出口)
出口疏散时间	236.8s (B出口)	240.0s (B出口)	238.8s (B出口)	237.7s (A出口)
疏散方案		7号楼绕西侧次路 A出口	4号楼绕西侧次路 A出口	13、16号楼绕西侧次路 B出口
总疏散时间		252.8s (A出口)	250.5s (A出口)	244.3s (A出口)
出口疏散时间		233.7s (B出口)	235.3s (B出口)	239.9s (B出口)

第6章　小区疏散道路的疏散机制及标识优化

鱼骨式小区第二阶段对比实验结果 表6-5

实验变量	鱼骨式小区中部五栋楼人员比例			
疏散方案	13、16号楼绕西侧次路B出口	0%B；100%A	10%B；90%A	20%B；80%A
总疏散时间	244.3s（A出口）	279.5s（A出口）	276.3s（A出口）	271.5s（A出口）
出口疏散时间	239.9s（B出口）	232.1s（B出口）	231.8s（B出口）	232.2s（B出口）
疏散方案	30%B；70%A	40%B；60%A	50%B；50%A	60%B；40%A
总疏散时间	262.5s（A出口）	257.8s（A出口）	249.8s（A出口）	243.3s（A出口）
出口疏散时间	231.8s（B出口）	231.9s（B出口）	236.9s（B出口）	241.8s（B出口）
疏散方案	70%B；30%A	80%B；20%A	90%B；10%A	100%B；0%A
总疏散时间	249.5s（A出口）	253.0s（A出口）	262.0s（A出口）	267.8s（A出口）
出口疏散时间	237.0s（B出口）	232.7s（B出口）	225.5s（B出口）	221.5s（B出口）

通过分析两个阶段的对比模拟实验，归纳最优疏散预案。分析两阶段实验的实验结果发现，13、16号楼绕西侧次路向B出口疏散，10、11、12、23、24号楼40%人员疏散至A出口，60%人员疏散至B出口时，总疏散时间最少，各出口之间疏散人员分布均匀，提高了道路的利用率，减轻了主路的压力，缓解或延后了道路局部的拥堵，并且各出口几乎同时完成疏散，疏散承载量均衡（图6-9）。

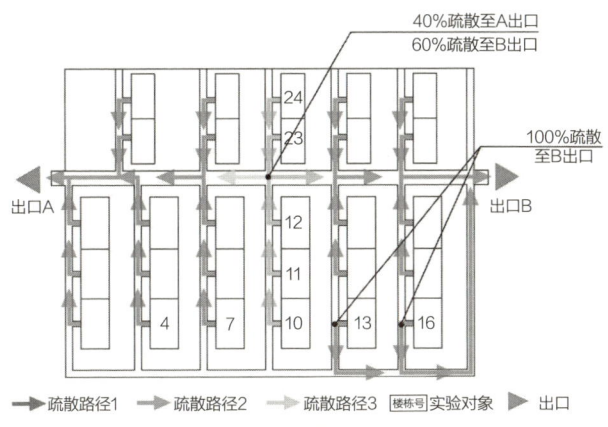

图6-9 鱼骨式小区疏散预案图

6.3.2 内环式小区疏散道路

针对华联花园总疏散时长无法缩短、C出口疏散压力远大于另两个出口的疏散难点,以道路拥堵状况作为评价标准,将疏散人流引至A、B出口以平衡三个出口的疏散量同时缓解道路拥堵,构建三个阶段的对比模拟实验(见图6-10)。

在第一阶段实验中,该形式小区C出口承载疏散人数最多,造成疏散路径拥堵,其中20号楼最后完成疏散,因此猜想20号楼所用的疏散时间等同于总疏散时间,为验证该猜想,将控制20号楼向B、C出口疏散的人数比例作为单一变量,依次进行11组实验。通过分析数据,

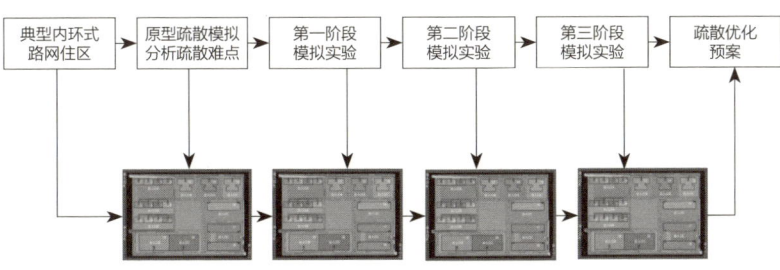

图6-10 内环式小区方案流程图

第6章 小区疏散道路的疏散机制及标识优化 153

20号楼全部人员向C出口疏散时总疏散时间最短，随着增加向B出口疏散的人数比例，总疏散时间呈现无规律的波动起伏趋势（图6-11、表6-6）。

在第二阶段实验中，17、18号楼80%人员向B出口，20%向C出口疏散为优选方案。通过对原型方案B、C出口完成疏散的时间和疏散密度图的分析，B出口疏散的承载量远未饱和，将控制距离B、C出入口路程较近的17、18号楼的人员向B、C出口疏散的人数比例作为单一变量，依次进行11组实验。通过分析数据发现，当17、18号楼100%人员向C出口疏散时最为拥堵，随着增加向B出口疏散的人数比例，C出口附近拥堵情况得到缓解，当80%人员向B出口，20%向C出口完成疏散时，从疏散密度云图上看，B、C出口疏散肌理表现最优，若继续增加向B出口疏散的人数比例则出现拥堵情况（图6-12、表6-7）。

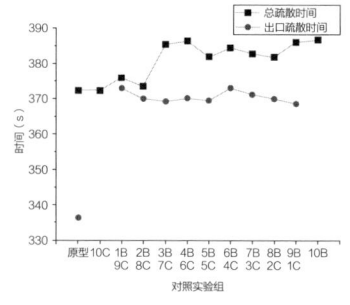

图6-11　第一阶段实验数据图

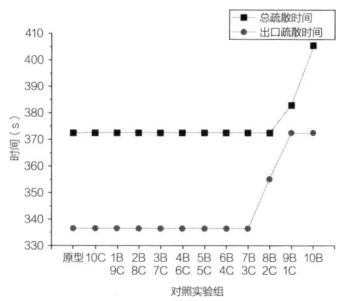

图6-12　第二阶段实验数据图

内环式第一阶段对比实验结果　　　　　　表6-6

实验变量	内环式小区20号楼B、C出口人员疏散比例			
疏散方案	原型方案	0%B；100%C	10%B；90%C	20%B；80%C
总疏散时间	372.3s（C出口）	372.3s（C出口）	376.0s（B出口）	373.5s（B出口）
出入口疏散时间	279.7s（A出口） 336.4s（B出口）	—	373.0s（C出口）	370.0s（C出口）

续表

实验变量	内环式小区20号楼B、C出口人员疏散比例			
疏散方案	30%B；70%C	40%B；60%C	50%B；50%C	60%B；40%C
总疏散时间	385.5s（B出口）	386.5s（B出口）	382.5s（B出口）	384.5s（B出口）
出口疏散时间	369.2s（C出口）	370.2s（C出口）	369.5s（C出口）	373.1s（C出口）
疏散方案	70%B；30%C	80%B；20%C	90%B；10%C	100%B；0%C
总疏散时间	382.8s（B出口）	381.8s（B出口）	386.0s（B出口）	385.5s（B出口）
出口疏散时间	371.2s（C出口）	370.0s（C出口）	368.6s（C出口）	—

内环式第二阶段对比实验结果　　　　　　　表6-7

实验变量	内环式小区17、18号楼B、C出口人员疏散比例			
疏散方案	原型方案	0%B；100%C	10%B；90%C	20%B；80%C
总疏散时间	372.3s（C出口）	372.3s（C出口）	372.3s（C出口）	372.3s（C出口）
出入口疏散时间	279.7s（A出口）336.4s（B出口）	336.4s（B出口）	336.4s（B出口）	336.4s（B出口）
疏散方案	30%B；70%C	40%B；60%C	50%B；50%C	60%B；40%C
总疏散时间	372.3s（C出口）	372.3s（C出口）	372.3s（C出口）	372.3s（C出口）
出口疏散时间	336.4s（B出口）	336.4s（B出口）	336.4s（B出口）	336.4s（B出口）
疏散方案	70%B；30%C	80%B；20%C	90%B；10%C	100%B；0%C
总疏散时间	372.3s（C出口）	372.3s（C出口）	382.8s（B出口）	405.3s（B出口）
出口疏散时间	336.4s（B出口）	355.2s（B出口）	372.3s（C出口）	372.3s（C出口）

在第三阶段实验中，16号楼50%人员向A出口和50%向C出口完成疏散为优选方案。通过对第二阶段的优选方案疏散密度云图的分析，C出口附近仍存在些许拥堵，可向A出口分流部分疏散人员，将控制距离A、C出口路程较近的16号楼的人员向A、C出口疏散的人数比例作为单一变量，依次进行11组实验。通过分析实验数据，在16号楼100%人员向C出口疏散，C出口附近最为拥堵，随着增加向A出口疏散的人数比例，C出口附近拥堵情况得到缓解，在50%人员向C出口和50%向A出口完成疏散时，从疏散密度云图上看，A、C出口疏散情况最佳，若继续增加向A出口疏散的人数，A出口附近开始出现拥堵情况，在向A出口疏散的人数比例增加超到80%时，总疏散时间超过372.3s（图6-13、表6-8）。

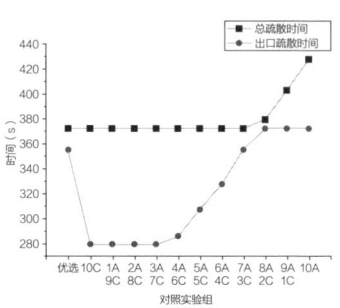

图6-13　第三阶段实验数据图

内环式第三阶段对比实验结果　　　　　　表6-8

实验变量	内环式小区16号楼A、C出口人员疏散比例			
疏散方案	第二阶段最优方案	0%A；100%C	10%A；90%C	20%A；80%C
总疏散时间	372.3s（C出口）	372.3s（C出口）	372.3s（C出口）	372.3s（C出口）
出口疏散时间	355.2s（A出口）	279.7s（A出口）	279.7s（A出口）	279.7s（A出口）
疏散方案	30%A；70%C	40%A；60%C	50%A；50%C	60%A；40%C
总疏散时间	372.3s（C出口）	372.3s（C出口）	372.3s（C出口）	372.3s（C出口）
出口疏散时间	279.7s（A出口）	286.3s（A出口）	307.4s（A出口）	327.8s（A出口）

续表

实验变量	内环式小区16号楼A、C出口人员疏散比例			
疏散方案	70%A；30%C	80%A；20%C	90%A；10%C	100%A；0%C
总疏散时间	372.3s（C出口）	379.5s（A出口）	403.3s（A出口）	426.8s（A出口）
出口疏散时间	355.4s（A出口）	372.3s（C出口）	372.3s（C出口）	372.3s（C出口）

通过分析三个阶段的对比模拟实验，归纳最优疏散预案。分析三个阶段实验的实验结果发现，20号楼100%，17、18号楼80%人员向B出口和20%向C出口疏散，16号楼50%人员向A出口和50%向C出口疏散时，总疏散时间最少，各出口之间疏散人员分布均匀，减轻了主路的压力，道路疏散肌理得到较大优化，缓解或延缓了道路局部的拥堵，并且各出口几乎同时完成疏散，疏散承载量均衡（图6-14）。

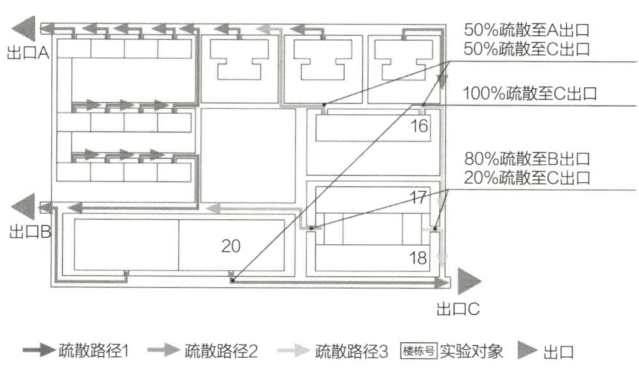

图6-14　内环式小区疏散预案图

6.3.3　网格式小区疏散道路

针对文竹园空间层面上人口分布不均，人员对疏散路径和出口的就近选择，导致各个出口出现承载疏散量不平衡的疏散难点，将严重拥堵的A出口疏散人流分流至其他三个出口以平衡总体疏散量及缓解道路拥堵，以此构建三个阶段的对比试验（图6-15）。

在第一阶段实验中，通过增加C出口的疏散量，A、B、D出口的拥挤情况和疏散时间都得到明显优化。该小区A、B出口有明显拥堵，其中以A出口的拥堵最为显著，从楼栋分布和疏散轨迹看可将A出口的人流分散至B、D出口，但在原型模拟中B、D出口所承载的疏散量趋于饱和，而C出口承载的疏散量极少，因此，将原先疏散至B、D出口的人流疏散至C出口构建第一阶段模拟实验。本阶段实验选取靠近C出口且人员数量适当的37～51号楼栋，改变路径将其疏散至C出口，总疏散时间从303.5s缩短至288.5s，从人员疏散密度云图上可知C出口的疏散量得到增加，分担了其他出口的疏散压力（表6-9）。

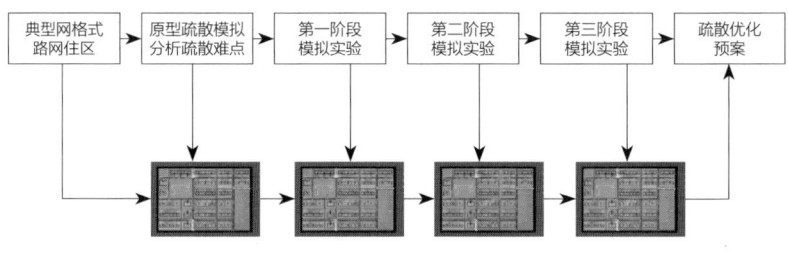

图6-15 网格式小区方案流程图

网格式第一阶段对比实验结果　　　　　　　　　　表6-9

实验变量	网格式小区疏散道路37～51号楼C出口疏散	
疏散方案	原型方案	100%C
总疏散时间	303.5s	288.5s

在第二阶段实验中，将21、28号楼人员及20、27、34号楼30%人员向A出口和70%人员向D出口完成疏散为优选方案。通过第一阶段模拟实验，D出口的可承载疏散量增加，首先将距离D出口较近的21、28号楼作为实验对象，通过改变出口疏散作为单一变量，将21、28号楼全部人员疏散至D出口。通过分析实验数据，A、D出口完成疏散的时间差及承载的疏散量都有较大差值，因此可进一步增加D出口的

疏散人数。继续将距离D出口较近的20、27、34号楼作为实验对象，通过改变在A、D出口完成疏散的人数比例作为单一变量，依次进行11组实验。通过分析实验数据，发现在20、27、34三栋人员100%向D出口疏散时，总疏散时间和两个出口完成疏散的时间差较长，分别为272.5s和12.8s。随着减少三栋楼向D出口疏散的人数比例，总疏散时间和两个出口完成疏散的时间差开始出现减少，当三栋楼人员30%向A出口和70%向D出口疏散，总疏散时间达到最少，为262.8s，两个出口完成疏散的时间差为3.3s，若继续减少三栋楼向D出口疏散的人数比例，总疏散时间和两个出口疏散时间差将出现增加趋势（图6-16、表6-10）。

在第三阶段实验中，15号楼的30%人员向A出口和70%人员向B出口完成疏散为优选方案。在第一、二阶段模拟实验中C、D出口的疏散量都趋于饱和，B出口疏散量仍可增加，将距离A、B较近的15号楼作为实验对象，通过改变在A、B出入口疏散人数比例作为变量，依次进行11组实验。通过分析数据，发现100%人员向B出口疏散时总疏散时间和两个出口完成疏散的时间差分别为264.5s和8.6s，随着减少向B出口疏散的人数比例，总疏散时间和两个出口完成疏散的时间差开始出现减少，当15号楼人员30%向A出口，70%向B出口疏散，总疏散时间为259.5s，两个出口完成疏散的时间差为1.0s，若继续减少向B出口疏散的人数比例，总疏散时间和两个出口疏散时间差将出现增加的趋势（图6-17、表6-11）。

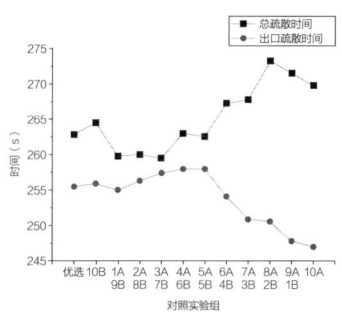

图6-16　第二阶段实验数据图

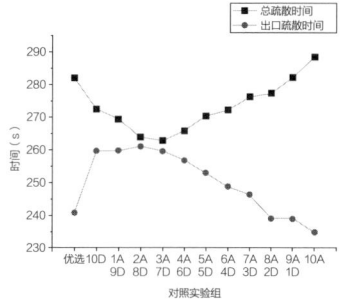

图6-17　第三阶段实验数据图

网格式第二阶段对比实验结果　　　　　　　表6-10

实验变量	网格式小区疏散道路21、28号楼100%疏散至A出口及20、27、34号楼A、D出口人员疏散比例			
疏散方案	21、28号100%疏散至A出口	0%A；100%D	10%A；90%D	20%A；80%D
总疏散时间	282.0s（A出口）	272.5s（D出口）	269.3s（D出口）	263.8s（D出口）
出入口疏散时间	240.8s（D出口）	259.7s（A出口）	259.7s（A出口）	261.1s（A出口）
疏散方案	30%A；70%D	40%A；60%D	50%A；50%D	60%A；40%D
总疏散时间	262.8s（A出口）	265.8s（A出口）	270.3s（A出口）	272.3s（A出口）
出入口疏散时间	259.5s（D出口）	256.8s（D出口）	252.9s（D出口）	248.8s（D出口）
疏散方案	70%A；30%D	80%A；20%D	90%A；10%D	100%A
总疏散时间	276.3s（A出口）	277.5s（A出口）	282.3s（A出口）	288.5s（A出口）
出入口疏散时间	246.4s（D出口）	239.0s（D出口）	239.0s（D出口）	234.8s（D出口）

网格式第三阶段对比实验结果　　　　　　　表6-11

实验变量	网格式小区疏散道路15号楼A、B出口人员疏散比例			
疏散方案	第二阶段最优方案	0%A；100%B	10%A；90%B	20%A；80%B
总疏散时间	262.8s（A出口）	264.5s（B出口）	259.8s（B出口）	260.0s（B出口）
出口疏散时间	255.5s（B出口）	255.9s（A出口）	255.0s（A出口）	256.3s（A出口）
疏散方案	30%A；70%B	40%A；60%B	50%A；50%B	60%A；40%B
总疏散时间	259.5s（D出口）	263.0s（A出口）	262.5s（A出口）	267.3s（A出口）

续表

实验变量	网格式小区疏散道路15号楼A、B出口人员疏散比例			
出口疏散时间	257.4s（A出口） 256.4s（B出口）	258.0s（B出口）	258.0s（B出口）	254.1s（B出口）
疏散方案	70%A；30%B	80%A；20%B	90%A；10%B	100%A
总疏散时间	267.8s（A出口）	273.3s（A出口）	271.5s（B出口）	269.8s（B出口）
出口疏散时间	250.9s（B出口）	250.5s（B出口）	247.8s（A出口）	247.0s（A出口）

通过分析三个阶段的对比模拟实验，归纳最优疏散预案。分析三个阶段实验的实验结果发现，将37~51号楼人员疏散至C出口；将21、28号楼人员疏散至D出口；20、27、34号楼30%人员向A出口，70%人员向D出口疏散；15号楼的30%人员向A出口，70%人员向B出口疏散时，总疏散时间最少，各出口之间疏散人员分布均匀，道路疏散肌理得到较大优化，缓解或延后了道路局部的拥堵，并且各出口疏散承载量均衡（图6-18）。

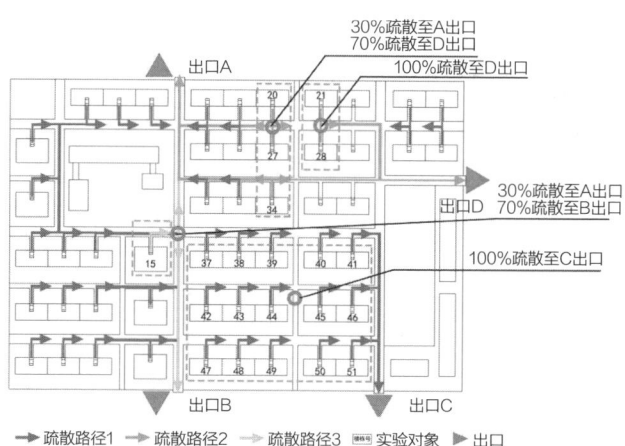

图6-18　网格式小区疏散预案图

6.3.4 "Ⅱ"贯穿式小区疏散道路

针对兰园空间层面上楼栋、出口及人口分布均匀，各出口承载疏散量接近均衡的特点，依次选取部分楼栋进行分流和错峰疏散，以缩短总疏散时长和道路拥堵为目标，构建两个阶段的对比试验（图6-19）。

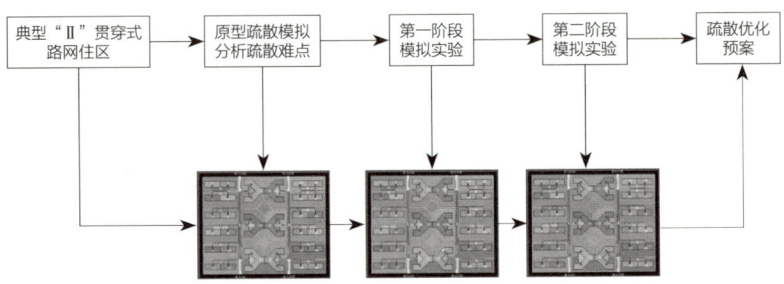

图6-19 "Ⅱ"贯穿式小区方案流程图

在第一阶段实验中，本阶段实验选取距离出口A、C路程相当的7、8号楼和距离出口B、D路程相当的25、26号楼进行分流疏散，通过改变疏散至各出口的人员比例作为单一变量，依次进行11组实验。通过分析数据，发现在7、8号楼和25、26号楼100%向C、D出口疏散，总疏散时间缩短至254.0s，各出口完成疏散的时间差开始减少，随着减少7、8号楼和25、26号楼向C、D出口疏散的人数比例，总疏散时间和各出口完成疏散的时间差继续出现减少，在7、8号楼80%向C出口、20%向A出口，25、26号楼80%向D出口、20%向B出口疏散时，总疏散时间达到最少，为251.8s，各出口疏散时间差最大为2.7s，若继续减少7、8号楼和25、26号楼向C、D出口疏散的人数比例，总疏散时间和各出口疏散时间差将出现增加（图6-20、表6-12）。

在第二阶段实验中，以第一阶段实验优选方案为基础，在该小区南北各选择一个合适的临时错峰点，经计算各可容纳疏散人员150人，出于人员数量及便利程度的考量，将6、10、23、27号楼疏散至临时错峰点，以等待时间为变量，5s为梯度，构建等待5~50s的10组对比模拟实验。通过分析实验数据，发现各组实验总疏散时长均远远超过第一阶段优选方案的251.8s，该阶段实验最短疏散时长是等待10s时的291.8s，总疏散时间最长达339.8s，等待45s。进一步分析人群疏散密度云图，发现各组错峰等待后的拥堵状况及持续时间并未有所缓解，猜测是因该形式小区道路的疏散承载力已经超过其道路宽度、出口宽度的极值，导致错峰措施对于该形式小区无优化效果（图6-21、表6-13）。

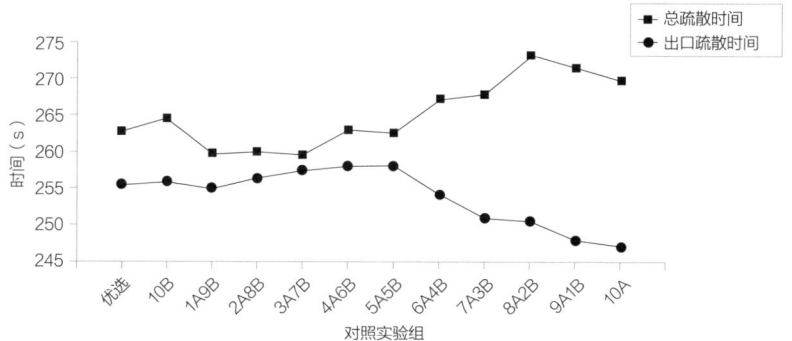

图6-20　第一阶段实验数据图

"Ⅱ"贯穿式第一阶段对比实验结果　　　表6-12

实验变量	"Ⅱ"贯穿式小区7、8号楼及25、26号楼A、C及B、D出口人员疏散比例		
疏散方案	原疏散实验	0%A、B；100%C、D	10%A、B；90%C、D
总疏散时间	255.3s（B出口）	254.0s（A出口）	253.5s（A出口）
出口疏散时间	247.2s（C、D出口）	249.5s（C出口）	249.9s（D出口）
疏散方案	20%A、B；80%C、D	30%A、B；70%C、D	40%A、B；60%C、D
总疏散时间	251.8s（B出口）	254.0s（B出口）	255.3s（A出口）
出口疏散时间	249.1s（C出口）	247.1s（C出口）	245.9s（C出口）

第6章　小区疏散道路的疏散机制及标识优化

续表

实验变量	"Ⅱ"贯穿式小区7、8号楼及25、26号楼A、C及B、D出口人员疏散比例		
疏散方案	50%A、B; 50%C、D	60%A、B; 40%C、D	70%A、B; 30%C、D
总疏散时间	256.8s（A出口）	260.5s（B出口）	266.3s（A出口）
出口疏散时间	244.1s（D出口）	239.2s（D出口）	240.2s（D出口）
疏散方案	80%A、B; 20%C、D	90%A、B; 10%C、D	100%A、B
总疏散时间	269.5s（B出口）	270.8s（A出口）	273.5s（B出口）
出口疏散时间	240.6s（D出口）	240.6s（C、D出口）	240.6s（C、D出口）

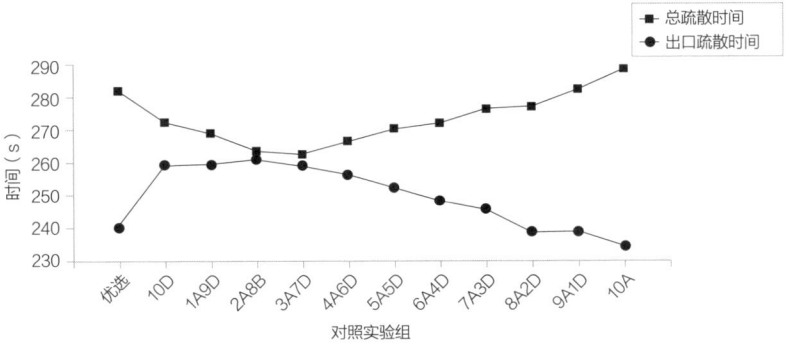

图6-21　第二阶段实验数据图

"Ⅱ"贯穿式第二阶段对比实验结果　　表6-13

实验变量	"Ⅱ"贯穿式小区6、10、23、27号楼临时避难场所等待时间			
疏散方案	第一阶段最优方案	等待5s	等待10s	等待15s
总疏散时间	251.8s（B出口）	301.5s（D出口）	291.8s（D出口）	316.3s（C出口）

续表

实验变量	"Ⅱ"贯穿式小区6、10、23、27号楼临时避难场所等待时间			
出入口疏散时间	249.1s(C出口)	268.3s(A出口)	273.4s(B出口)	279.4s(A、B出口)
疏散方案	等待20s	等待25s	等待30s	等待35s
总疏散时间	311.3s(C出口)	307.3s(C出口)	315.5s(C出口)	323.3s(A出口)
出入口疏散时间	283.1s(A出口)	290.3s(A出口)	298.3s(B出口)	300.4s(D出口)
疏散方案	等待40s	等待45s	等待50s	
总疏散时间	319.8s(D出口)	339.8s(C出口)	327.0s(C出口)	
出入口疏散时间	304.7s(A出口)	309.9s(B出口)	315.4s(A出口)	

通过分析两个阶段的对比模拟实验发现，将7、8号楼80%向C出口、20%向A出口，25、26号楼80%向D出口、20%向B出口时疏散时，总疏散时间最少，各出口之间疏散人员分布均匀，而6、10、23、27号楼错峰等待疏散措施对该形式小区无优化效果(图6-22)。

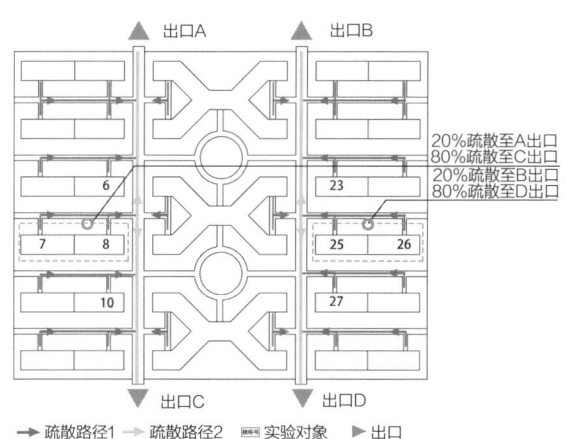

图6-22 "Ⅱ"贯穿式小区疏散预案图

总结上述四种典型小区道路疏散预案，发现根据人群分布进行分流引导疏散，充分利用道路，并平衡各个出口的疏散人数，可以有效地缓解道路中发生的拥堵情况，缩短整体的疏散时间。鱼骨式小区可以通过充分利用外环道路，引导小区中间距离出入口较远的居民，来减少疏散时间，提升疏散效率。内环式和网格式小区可以根据人群分布密度进行引导分流，平衡各出口的疏散人数，将部分人群引导至其他相近的出口，减少局部出入口拥堵情况。"Ⅱ"贯穿式小区通过引导分流，均衡各出口的疏散人数，能够轻微提升小区整体的疏散时间，但拥堵情况改善不明显，现有道路宽度以及出口数量的承载量基本达到了最优值，因此再通过人流的错峰、等待引导均难以在提升疏散效率的同时改善拥堵情况。如需进一步提升则应从小区空间优化的角度去改善，例如优化道路宽度、出口位置及数量，增加节点缓冲区域等。

6.4 小区疏散道路的标识优化设计策略

通过对四种典型小区疏散道路进行原型实验和优化预案实验，论证了引导分流在小区道路疏散的有效性。根据疏散模拟结果可为小区提供精准的疏散标识指引。当灾害发生时，如果没有高效的疏散标识指引人群疏散，人员受到盲从心理的影响，在路径选择上存在慌乱和从众行为，会减缓疏散速率，易发生拥堵，使疏散时间延长。因此，在小区道路疏散过程中，标志系统的设计对于人群引导和分流起着关键作用，能够提高小区安全疏散效率。

（1）合理布点，在易发生拥堵路段前设置标识

标志系统的布置需要充分考虑路网结构、人群分布以及易出现的堵点位置。在人员将要进入拥堵路段前设置标识并提示人员拥堵情况，便于疏散人员结合堵点提示及个人疏散能力，采取不同疏散策略。在

小区道路疏散过程中,最容易在小区出口处发生线性拥堵,其次是在主、次路交叉路口,人员面临路径选择,存在慌乱和盲从行为,易在"L"形、"十"形路口发生拥堵。因此,对于距离小区出口较远,存在路径选择的人群,需在单元出口前的次路上设置最优小区出口指示,合理安排人员选择小区出口,避免疏散路径增长或者拥堵;在主、次路交叉的位置设置疏散方向选择标识,为人员提供明确的指引,帮助他们在紧急情况下作出选择,避免在疏散过程中发生不必要的寻路。鱼骨式小区主路拥堵路段长,部分次路利用率低,因此在靠近这些次路的单元出口处需设置静态标识,引导人群选择这些次路进行疏散,缓解主路的拥堵情况;在靠近小区中部的楼栋需设置动态标识,实时提供疏散信息,帮助疏散人员选择最优出口完成疏散。内环式小区多为住宅组团形式,易出现人流密集区域,因此这类区域住宅单元出口处需设置静态标识,引导部分人群到就近的其他出口进行疏散,缓解人流密集区域出口的拥堵情况。网格式小区和"Ⅱ"贯穿式小区道路交叉口多,"L"形路口、"十"形路口拥堵尤为明显,因此需在发生转折的交叉路口前设置标识,便于人群选择疏散方向与路径(表6-14)。

不同标识的布点位置 表6-14

类型	鱼骨式小区	内环式小区
标志布点图示		

续表

类型	网络式小区	"Ⅱ"贯穿式小区
标志布点图示	▲EXIT A ▶EXIT D ▼EXIT B ▼EXIT C —疏散路径 ○静态标识 ●动态标识 ▲出入口	▲EXIT A ▲EXIT B ▼EXIT C ▼EXIT D —疏散路径 ●动态标识 ▲出入口

（2）增设详细的标识信息，提供整体疏散实况

小区道路疏散标识内容设置需要增设详细的出口选择、疏散方向、拥堵情况等信息，提供给人群更全面、实用的疏散实况。对于路径简单，疏散出口方向明确的小区，主要针对距离出口最远的居民增设出口选择信息。但对于路径复杂，主、次路多，安全出口较多的小区，在进行紧急疏散时，道路发生转折次数多，则需要在交叉口处提示疏散方向，且增设前面路段的出口选择、拥堵情况等标识信息。例如鱼骨式小区主路单一，出口方向明确，对于距离出口较近的居民，可不用设置疏散标识，直接就近疏散，针对中部距离出口最远的居民，则在其单元出口前的次路上需增设最优的出口选择提示。内环式小区路径选择多，人群密度分布差异大，导致局部出口疏散压力大，因此在人群密集的单元出口处需增设各出口疏散人数的动态信息，给予较优的出口选择提示，并在拥堵出口前的路段增设拥堵等待时长的动态信息，缓解人群的恐慌情绪。网格式、"Ⅱ"贯穿式小区道路交叉点多且有多个安全出口，对于距离出口较远的居民，在单元出口前的次路上的标识需增设最近出口的拥堵情况，帮助居民选择最有利的出口。在主、次路交汇处的标识需要增设疏散方向提示，便于及时调整疏散方向。在通往出口的主路上的标识需增设前方拥堵路段位置与拥堵持续时间的信息，提示人群等待疏散的时长（表6-15）。

动态疏散标识示意图　　　　　　表6-15

内容	出口选择	疏散方向	拥堵情况
标识位置			
标识牌	出入口A →	前方右转 →	前方拥挤 →
场景示意			

（3）通过智慧技术采用动态标识信息，实时选择逃生方位

标识系统信息内容结合智慧技术实现动态标志信息提醒，能够带来更加精准高效的疏散引导。在小区道路疏散拥堵形成初期，动态标志信息可以提醒居民对后续可能的拥堵作出预判，从而选择更加安全的路径；在拥堵形成后，动态的标识信息能够实时更新，并与居民形成有效的拥堵变化信息交流。此外，在出口处最易发生的线性拥堵中，动态标识信息能够帮助居民及时了解拥堵动态，有效安抚人群焦急情绪，提高整体耐心值。在"L"形路口、"十"形路口等转向型拥堵中，动态标识信息可以实时提供给后来的居民不同的疏散方向选择，对人群前进方向进行有效指引，避免慌乱中的乱向行为加剧拥堵情况（图6-23）。

图6-23　动态疏散标识示意图

第 7 章
真人疏散

7.1 老旧小区安全疏散模拟与验证

前文结合老旧小区空间特点和疏散逻辑提炼出疏散走道、疏散楼梯、安全出口、小区疏散道路四种典型疏散空间,根据实地调研深圳老旧小区得到的数据,使用疏散模拟软件提取疏散机制,以此为依据制定各个疏散空间相应的优化方案,并使用疏散模拟软件验证优化方案的效果。综述前文不难发现,优化策略的提出依据与效果验证都是建立在计算机模拟上,尽管模拟疏散场景是基于现实存在的老旧小区建立而来,但与真实疏散场景依然存在差距,无法保证使用模拟软件验证得到的优化方案在真实的疏散场景中能够达到一样的效果。

前文对不同疏散阶段分类研究,得到了不同类型疏散空间的疏散机制与优化策略,然而实际的老旧小区住宅并非定式,是由不同类型的疏散走道、不同类型的疏散楼梯、不同类型的安全出口随机组合而成。由于小区疏散道路实验涉及人数过多,出于时间和经济成本的考虑,真人疏散实验验证只包括疏散走道、疏散楼梯、安全出口这三个疏散阶段,构成连续的疏散场景。因此,为不同疏散阶段随机选择疏散空间类型,形成完整的疏散场景,例如线形疏散走道+三角形双跑疏散楼梯+非落地走道式安全出口,并选择符合这些类型的老旧住宅作为实验场地进行真人疏散实验,进行交叉组合验证(图7-1),在更符合实际疏散场景的情况下,完成对前文中既有结论的验证,同时更节省人力、物力成本。

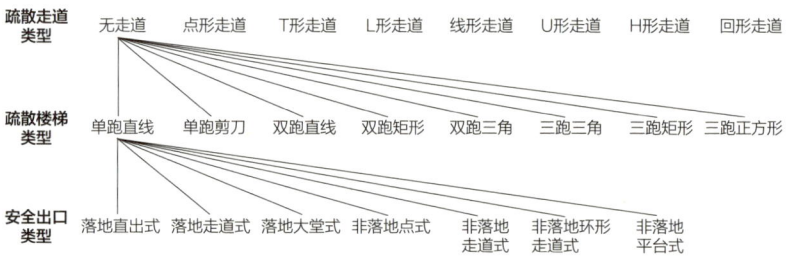

图7-1 交叉组合验证示意图

7.2 真人疏散实验方案

根据疏散软件模拟结果得出的优化策略与方法,在真实疏散场景中的效果在验证时,需要按照前文的模拟研究步骤对实验对象进行模拟并优化,并通过真人疏散实验验证优化方案的效果。因此实验将分为两个阶段,流程图见图7-2,第一阶段是疏散模拟,按照前文的研究路线,通过使用疏散模拟软件Pathfinder获取实验对象的疏散机制,并以此为依据提出优化方案;第二阶段是真人疏散验证,选择与第一阶段实验对象相符的实验地点,进行原型疏散,获得初始的真实疏散肌理,然后根据第一阶段获得的优化方案再进行一次疏散,获得优化方案的真实疏散肌理,对比两次疏散的肌理,便能够评判根据模拟结果得出的优化方案在真实疏散场景中的优化效果。

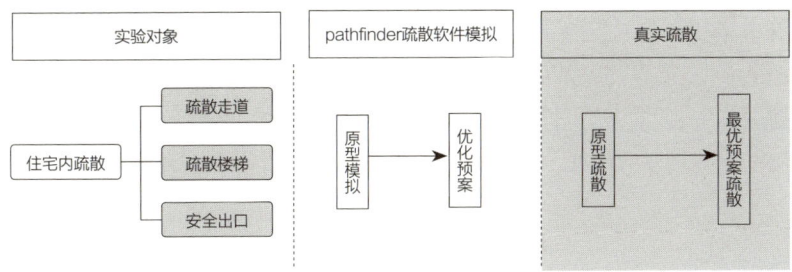

图7-2　方案流程图

选择线形疏散走道、三角形双跑疏散楼梯、非落地走道式安全出口组合出完整的疏散场景作为实验对象,并按照前文的研究路线,模拟获取疏散机制,根据疏散模拟中的难点,制定优化方案,构建对比实验,并选出最优预案。在模型方面,将线形疏散走道、三角形双跑疏散楼梯、非落地走道式安全出口的模型结合到一起,空间参数和人员参数的设置同前文一样,模型图见图7-3,模拟参数表见表7-1。前文针对室内疏散走道的问题提出了错峰的策略,即让部分人员等待,另一部分的人员先进行疏散,并得出距离走道出口越近的住户暂停疏散更有利于疏散效率提升的结论,按照这个结论,在优化方案中让靠近走道出口的两户人员等待25s后再开始疏散。针对楼梯拥堵的问题,前文采用了楼层错峰的方法,以及在条件允许的住宅楼中,改变不同楼层人员的疏散方向,均获得了不错的优化效果,然而选择哪些楼层错峰和哪些楼层改变疏散方向的优化效果,根据楼梯空间类型与疏散人员数量的不同,各有不同,因此楼层错峰与改变疏散方向的最优预案需要进一步对比验证。为了验证优化方案在真实的、连续的疏散场景下是否同样有效,需要将靠近走道出口的两户暂停等待的实验条件加入到最优预案的验证中。通过进一步的对比验证,得出5~6层错峰是楼层错峰的最优方案;4~6向上疏散,2~3层向下疏散是改变楼层疏散方向的最优预案,预案示意图见表7-2。需要说明的是在非落地安全出口的住宅楼中,首层为商店或是架空,从二层开始才是住宅,因此从二层开始疏散,没有一层人员。

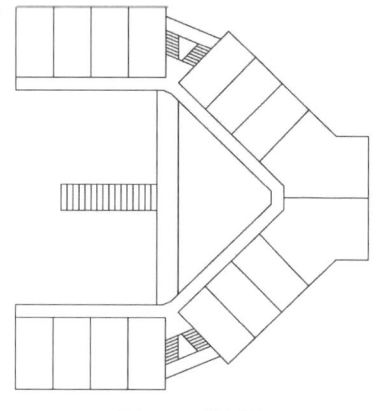

图7-3 模型图

模拟实验参数 表7-1

人员年龄	2~70岁	计算模型	Steering
人员身高	1.2~1.8m	户门宽度	0.9m
人员肩宽	0.3~0.5m	安全出口宽度	1.2m
人员占比与行进速度	24%疏散能力较好:1.19m/s 56%疏散能力一般:1.00m/s 20%疏散能力较差:0.70m/s	楼梯宽度	1.2m
行为模型	Agent-based	建筑层数	6
行为模式	To any exit	人员总数	90

最优预案示意 表7-2

原型	楼层错峰最优预案	楼层疏散方向最优预案
人员自由疏散	靠近走道出口的两户暂停25s； 5~6层为错峰楼层：疏散能力一般、好的人员等待50s	靠近走道出口的两户暂停25s； 4~6层向上疏散； 2~3层向下疏散

←：疏散方向；　●：暂停等待住户

密度 occs/m² 　0.55　0.795　1.04　1.285　1.53　1.775　2.02　2.265　2.51　2.755　3

| 楼栋疏散时间：168.3s | 楼栋疏散时间：163.8s | 楼栋疏散时间：113.8s |

　　经过走访调查，发现深圳市兰园住宅楼的疏散空间符合线形疏散走道、三角形双跑疏散楼梯、非落地走道式安全出口这些特征，将其作为真人疏散实验场地，开展进一步的准备工作。兰园位于深圳市南山区南油片区，建于1994年，图7-4展现了该小区的场景，兰园小区的住宅楼整栋呈现X形，由两个V形单元拼接而成，每个V形单元形成两段线形疏散走道，并连接三角形双跑疏散楼梯，在二层，两个疏散楼梯通过一段室外走道连接，又通过一段大楼梯连接小区疏散道路，形成非落地走道式安全出口，同时，两个单元的疏散楼梯可以通过楼顶屋面连通，

满足改变楼层疏散方向预案的实验条件。由于真人疏散实验涉及人员较多，实验的开展需要征用住宅楼，因此必须取得小区管理方的同意。兰园最早作为国企事业单位职工的宿舍，现在主要用于出租，目前由深圳招商物业管理有限公司管理。通过与该物业公司的兰园物业管理中心取得联系，向他们提供真人疏散实验的证明材料与计划书，成功取得该小区22栋的征用权限，以及在该小区招募真人疏散实验志愿者的权限。

考虑到外来人员进入小区参加实验会有所不便，招募兰园的居民作为真人疏散实验的参与人员是最优选择，通过发放问卷调查的方式，收集兰园居民的参与意愿，以及对参与奖励的意向，在这个过程中发现，居民的参与意愿普遍一般。为了招募到足够的参与人员，在物业管理人员的帮助下，在小区人流量最高的入口设立宣传栏，并由工作人员向居民讲解疏散实验的内容以及参与奖励（图7-5），尽可能提高居民的参与意愿。最终有54位居民愿意参与小区的真人疏散实验，进一步向这54位居民发放调查问卷收集疏散实验开展时间的意向。时间选择为周六下午5点、周日下午5点、周六周日都可以，实际填写问卷的人数为49人，其中40人选择周六周日都可以，5人选择周日下午5点，4人选择周六下午5点，为了兼顾多数人的时间，实验时间最终定在周日下午5点。真人疏散实验的实际参与人数为45人，在人员配置方面，年龄段

图7-4　兰园场景图

图7-5 招募现场

涵括13~56岁，男女占比均衡。

真人疏散实验一共需要90人，然而实际能够参与真人疏散实验的人数只有45人，仅一半的人数难以在真人疏散实验中表现出该疏散场景会遇到的难点。出于时间成本与人员成本的原因，无法再增加参与实验的人数，因此，通过让人员手持30cm×60cm的瓦楞纸板，如图7-6所示，增加人员宽度，达到"以一抵二"的效果，并且在疏散实验开始之前向所有人员讲解纸板的手持方式，确保能够达到以一抵二的效果。

根据模拟得到的优化预案，将会有三次真人疏散实验，通过实验器材和现场调控，将优化预案转化到真人疏散场景中。第一次是在没有任何附加条件的情况下进行自由疏散，离开室外楼梯为疏散结束，获得该场景下的原型疏散机制，用于与优化预案的

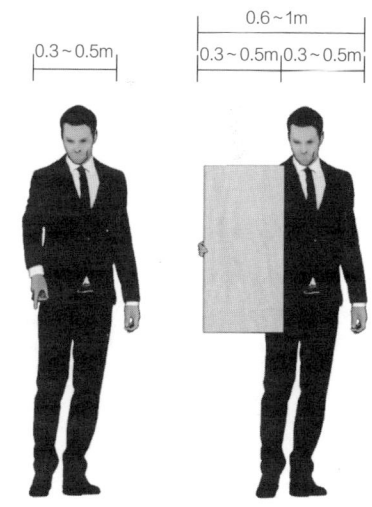

图7-6 增加人员宽度

肌理与时间进行对比；第二次按照楼层错峰最优预案进行，所有楼层中靠近走道出口的两户人员需要等待25s后进行疏散，5层和6层中疏散能力一般、好的人员等待50s后进行疏散，而疏散能力一般、好的人员在总人数的占比为56%，5、6层各有5人需要等待50s；第三次按照楼层疏散方向的最优预案进行，所有楼层中靠近走道出口的两户等待25s，4~6层的人员向上疏散，疏散至7层为疏散结束，2~3层向下疏散，以离开室外楼梯作为疏散结束的节点。为了方便实验参与人员理解，总体分为三波疏散人员，第一波为立即开始疏散的人员，第二波为需要等待25s的人员，第三波为需要等待50s的人员，给不同疏散批次的人员发放不同颜色的贴纸方便区分，第一波疏散的为绿色，第二波疏散的为蓝色，第三波疏散的为红色，人员分布见图7-7和图7-8。为了收集疏散肌理与疏散时间数据，需要设置摄像头，在2~6层的疏散走道和疏散楼梯口设置摄像头用以收集走道和楼梯的疏散数据，在7层楼梯口设置摄像头用以记录楼层疏散方向优化预案中向上疏散人员的数据，在室外走道设置摄像头记录安全出口部分的疏散数据，摄像头分布见图7-9。根据优化预案中对人员等待和疏散方向安排的需求，在相应的位置贴好提醒人员暂停、改变疏散方向以及疏散集散点的标识牌，见图7-10与图7-11。

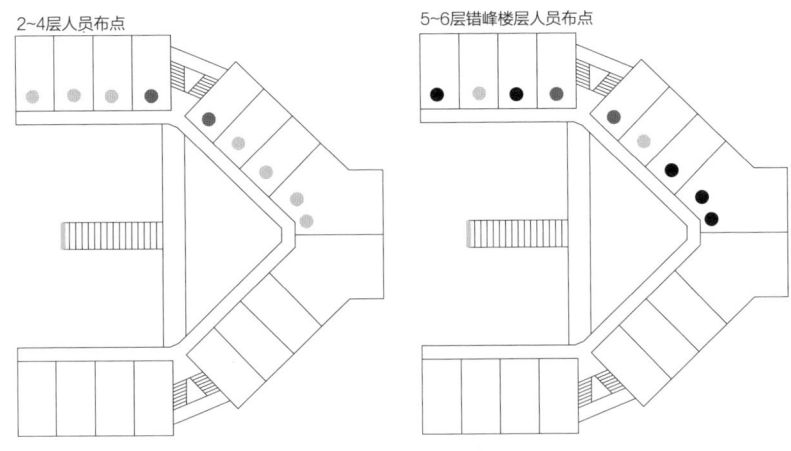

图7-7 楼层错峰优化预案布点示意

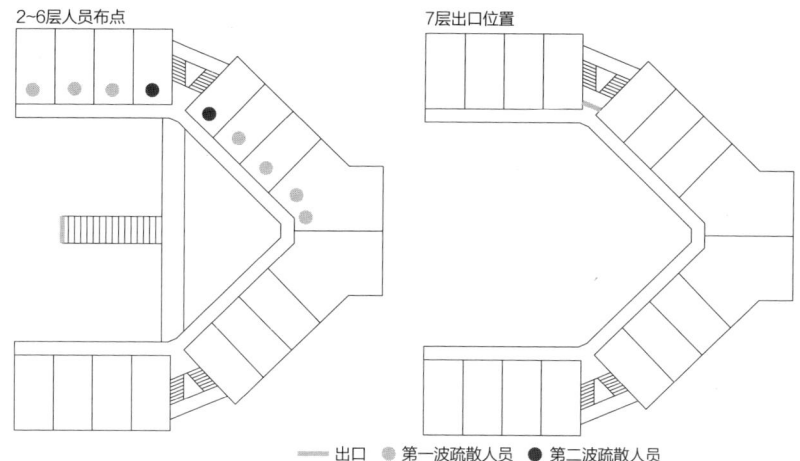

图7-8 楼层方向优化预案布点示意

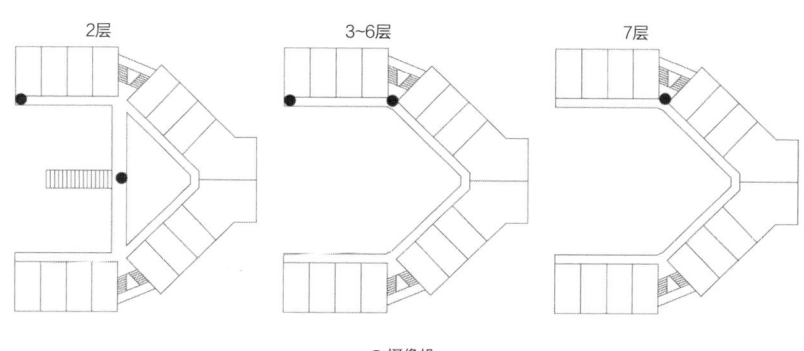

图7-9 摄像头分布图

图7-10 标识示例

第7章 真人疏散

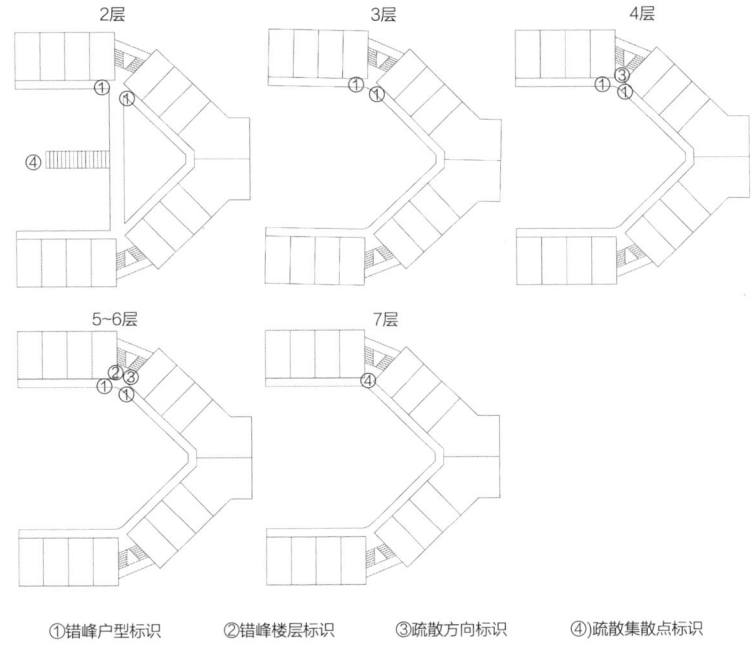

①错峰户型标识 ②错峰楼层标识 ③疏散方向标识 ④疏散集散点标识

图7-11 标识布点

在物业管理中心人员的协助以及所有参与人员的配合下，三次真人疏散实验在兰园22栋住宅楼顺利完成。实验开始之前，将实验需要的标识牌与摄像头安装到指定位置，确认参与人员全部到场，为每位参与人员发放瓦楞纸板，引导所有人员站到需要的位置，疏散走道户型较大的住户门口站2人，其余住户门口站一人，2~6层均是这样的安排。人员站好后，由工作人员为所有人员发放不同颜色的贴纸。以哨声为疏散开始的信号，第一波疏散的人员在第一声哨声时开始疏散，第二波在第二声哨声时开始，第三波在第三声哨声时开始。第一次疏散完成之后，引导疏散人员站回原位，让参与人员按照楼层错峰优化预案分为第一波、第二波、第三波进行疏散，完成第二次疏散之后再次引导疏散人员站回原位，让参与人员按照楼层疏散方向优化预案分为不同疏散方向、不同疏散批次进行疏散，完成第三次疏散实验（图7-12、图7-13）。三次真人疏散实验完成之后，所有人合照留念（图7-14）。

图7-12　现场标识

图7-13　疏散现场

图7-14　合照

7.3 结果与分析

在第一次真人疏散中,室内疏散走道没有出现拥堵,人员疏散流畅,而在疏散楼梯与安全出口的室外走道处出现拥堵。第一次真人疏散实验是没有任何附加条件的自由疏散,目的是获取原型疏散数据,用以对比第二次、第三次真人疏散实验的实验数据,判断优化效果。第一次真人疏散实验的楼栋疏散时间为75s,与模拟得到的168s存在差异,出现差异的原因需要进一步推断。观察人员疏散轨迹可以发现,以哨声作为信号,所有人员开始疏散,室内疏散走道部分没有出现拥堵,在15s时,所有人员进入疏散楼梯,在疏散楼梯部分中,与疏散走道衔接的第一梯段出现拥堵,其中四楼楼梯拥堵最为明显(图7-15),安全出口的室外走道部分,在5s时开始有人员进入室外走道,47s时,室外走道出现拥堵(图7-15),60s时所有人进入室外走道,75s时所有人完成疏散。

第二次真人疏散实验按照楼层错峰优化预案进行,相比于第一次疏散,总疏散时间上没有优化,人员疏散肌理有较大改善。第二次真人疏散实验的楼栋疏散时间为99s,与第一次实验相比,疏散时间延长了32%,没有达到模拟优化方案中减短楼栋疏散时间的效果,但在人员肌理方面,优化十分明显。观察人员疏散轨迹可以发现,全程没有发生拥堵,疏散流畅,4s时开始有人进入安全出口的室外走道,10s时,除了需要错峰等待的人员,所有人员离开疏散走道进入疏散楼梯,89s时

图7-15　第一次疏散时四楼楼梯11s(左)和安全出口走道47s(右)

图7-16　第二次疏散时四楼楼梯11s（左）和安全出口走道47s（右）

全部人员进入安全出口，99s时所有人员完成疏散。相比于第一次实验时，11s时的四楼楼梯以及47s时的安全出口走道都没有发生拥堵，如图7-16所示。进一步观察发现，错峰户型与错峰楼层中，在其他人员已经疏散离开，有足够的疏散空间时，错峰人员的等待时间还没有结束，仍然需要等待在原地，导致有明显的时间浪费，从而造成楼栋疏散时间的延长。

第三次真人疏散按照楼层疏散方向优化预案进行，相比于第一次疏散，楼栋疏散时间和人员疏散肌理均有不错的改善。第三次真人疏散实验的总疏散时间为57s，与第一次实验相比，疏散时间减短了24%，疏散全程没有发生拥堵，这与模拟优化方案的结论一致。观察人员疏散轨迹可以发现，3s时开始有人进入安全出口的室外走道，11s时，除了需要错峰等待的人员，所有人员进入疏散楼梯，57s时所有人员到达出口，完成疏散。相比于第一次实验中，11s时的四楼楼梯以及47s时的安全出口走道都没有发生拥堵，如图7-17所示。

图7-17　第三次疏散时四楼楼梯11s（左）和安全出口走道47s（右）

对比三次真人疏散实验的数据可以知道，从人员疏散肌理方面看，相比于原型疏散，基于不同优化预案的两次真人疏散实验均有改善，原本出现拥堵的位置都有所缓解。证明前文的优化策略在真人疏散场景中能够起到改善疏散肌理的作用。从疏散时间方面看，相比原型疏散，在改变楼层疏散方向优化预案的第三次真人疏散实验中，疏散效率有不错的改善，但在基于楼层错峰优化预案的第二次真人疏散中，总疏散时间没有减少，反而增加。说明改变疏散方向的优化策略能够有效提高疏散效率，但错峰优化策略提高疏散效率的应用场景有局限性。

进一步对上述模拟和真人实验结果进行观察，分析差异产生的原因。观察三次真人疏散实验中的人员行为，发现"以一抵二"的效果并不好。实验通过让人员手持瓦楞纸板，增加人员疏散宽度，以达到弥补实验参与人员人数不足的目的，然而在疏散过程，人员手持瓦楞纸板的方式并不规范，即使规范，人员在疏散时对瓦楞纸板并不会像对待其他人员一样进行避让，疏散效果难以达到模拟实验中的效果，这可能是在基于楼层错峰预案的第二次真人疏散实验中会出现时间浪费情况的原因。同时，相比于模拟实验，真人疏散实验场景中人员更加灵活，模拟实验中疏散能力差的人员阻滞道路，导致后方疏散能力更好的人员无法超越，在真人疏散场景中出现较少，尤其是体型较小的小孩行动更加灵活，在疏散过程中，面对前方人员疏散较慢的情况，多数人员可以通过人员间隙超越前方人员。

总结三次真人疏散实验的结果以及前文的模拟结论，解决老旧住宅的疏散难点可从两方面着手：一是优化疏散肌理，二是缩短疏散时间，改变疏散方向以及让人员错峰等待的优化策略都能够改善疏散肌理，提高疏散效率，但以提高疏散效率为目的的错峰策略有应用条件。对于疏散人数较多的住宅，拥堵是首要问题，采取错峰的策略，可使疏散人员避开时空上的交集，缓解拥堵，提高疏散的安全，而对于疏散人员少的住宅，错峰策略能够有效改善疏散肌理，但会造成楼栋疏散时间的延长，不宜采用。若具备屋顶疏散的条件，可进行上下两个方向的疏散，疏散时间将会大大缩短，提高疏散效率，疏散肌理也能够改善。

结论与展望

结论

老旧小区由于建筑结构老化以及应急设施落后等缺点，易在灾害中遭受损失，作为城市防灾中的薄弱环节，提升其抗灾能力，对居民生命财产安全尤其重要。本书通过对深圳市老旧小区进行的实地调研以及资料收集，提炼出四种典型疏散空间：疏散走道、疏散楼梯、安全出口、小区道路，并对其进行了危险性分析，研究其疏散机制，有针对性地对这四种疏散空间提出了提高老旧小区疏散安全的错峰、改变疏散方向的优化策略，最后通过对前三种疏散空间进行真人疏散演练，验证其优化策略在真实场景下的效果，证明这些优化策略能够有效提高疏散效率，改善疏散肌理，保障老旧小区的疏散安全。

展望

如今，三维可视化技术已逐渐应用于疏散系统设计当中。结合火灾环境探测技术、人员定位技术以及动态化信息技术等，三维可视技术可以让疏散人员更清晰地了解到实时人员在楼栋中的位置、整栋楼栋的拥堵情况、疏散路线、火源位置、火灾蔓延区域等信息。如将三维可视化技术辅助动态标识为疏散提供实时信息，形成更加全面的标识设计，给予人员准确的疏散信息，可引导人们进行更加高效安全的疏散。本研究针对疏散难点，对疏散标识的布点位置、信息内容以及实时优化信息的动态化输出重新设计，所得到的疏散标识已申请专利，期待该疏散标识在老旧小区中的实地应用。

然而标识设计对老旧小区疏散的优化是有局限的。在对老旧小区疏散机制梳理中发现，当一个疏散空间的疏散承载力已经超过其空间尺度的极值时，通过优化标识设计对其进行错峰、分流等措施都难以在提升疏散效率的同时改善拥堵情况，如需进一步提升则应从空间优化的角度去改善。同时，当老旧小区中人员少，错峰和改变疏散方向的策略只能起到提升优化疏散肌理的效果，对疏散时间没有优化。

参考文献

1. 期刊类

[1] 应急管理部宣传教育中心. 《高层民用建筑消防安全管理规定》自2021年8月1日起施行 [J]. 安全与健康, 2021, (10): 54.

[2] 毕昕, 邢素平, 郑东军, 等. 基于人员应急疏散仿真模拟的老旧住区户外环境优化设计策略研究——以郑州市为例 [J]. 中国名城, 2023, 37 (11): 56-64.

[3] 蔡凯臻. 基于防灾安全的小区空间更新改造——日本实践及其启示 [J]. 新建筑, 2021, (1): 58-62.

[4] 蔡凯臻. 提升空间防灾安全的城市设计策略——基于街区层面紧急疏散避难的时空过程 [J]. 建筑学报, 2018, (8): 46-50.

[5] 陈海涛, 贾南, 刘占, 等. 基于多因素出口选择的建筑疏散指示优化设计 [J]. 中国安全生产科学技术, 2016, 12 (4): 90-95.

[6] 陈娟娟, 方正, 谢涛, 等. 典型建筑火灾风险评估体系及其软件开发 [J]. 中国安全科学学报, 2015, 25 (1): 116-121.

[7] 陈鑫, 姚敏峰, 吴堃. 香港城市轨道交通换乘站的标识系统设计研究 [J]. 中外建筑, 2019, (5): 58-61.

[8] 陈一洲, 陈文涛, 张无敌, 等. 复杂建筑人员密集区域疏散模型 [J]. 中国安全科学学报, 2019, 29 (5): 13-18.

[9] 翟羽佳, 蒙慧玲. 高层住宅建筑安全疏散设计研究 [J]. 中外建筑, 2021, (1): 177-180.

[10] 杜华, 徐哲, 刘永滨, 等. 高层住宅楼社区燃气泄漏事故应急疏散模拟 [J]. 煤气与热力, 2022, 42 (12): 17-23.

[11] 樊蕊, 房志明, 张俊, 等. 考虑结伴行为的长距离楼梯向下疏散实验研究 [J]. 武汉理工大学学报（信息与管理工程版）, 2023, 45 (3): 330-335.

[12] 范臣, 陈涛. 避难层停留时间对超高层建筑人员疏散的影响 [J]. 消防科学与技术, 2020, 39 (8): 1085-1089.

[13] 范乐，王燕语，张靖岩，等. 基于人群疏散行为的西南山地城镇住区安全韧性提升对策 [J]. 清华大学学报（自然科学版），2020，60（1）：32-40.

[14] 范芮雯，代张音，周慧，等. 嵌入式安全疏散标志空间结构研究与设计 [J]. 中国安全科学学报，2022，32（10）：193-200.

[15] 范芮雯，代张音，周慧，等. 消防安全疏散标志空间方向信息传递效能研究 [J]. 消防科学与技术，2022，41（4）：462-467.

[16] 高雪，王佳，衣俊艳. 基于 BIM 技术的建筑内疏散路径引导研究 [J]. 建筑科学，2016，32（2）：143-146.

[17] 胡炜钊，罗旖旎，万萱. 基于数字孪生的城市综合体导视系统设计策略——以成都春熙路为例 [J]. 设计艺术研究，2023，13（5）：80-85.

[18] 黄丽蒂，许欣欣，刘莹，等. 安全视角下的老龄化社区路网应急疏散与路径优化研究 [J]. 现代城市研究，2022，（8）：16-23.

[19] 黄丽蒂，许欣欣，刘莹，等. 东北老龄化社区路网疏散仿真模拟及优化 [J]. 中国安全科学学报，2020，30（7）：127-132.

[20] 蒋桂梅. 紧急状态下人群疏散仿真研究综述 [J]. 中国高新技术企业，2009，（17）：193-195.

[21] 孔维东，曾坚，钟京. 城市既有社区防灾空间系统改造策略研究 [J]. 建筑学报，2014，（2）：6-11.

[22] 李晨旭，张振波，孙孟羽，等. 高校多层宿舍人员疏散时间影响因素研究 [J]. 技术与市场，2023，30（8）：84-89.

[23] 李芳，张宇. 既有建筑疏散宽度不足问题解决方案 [J]. 消防科学与技术，2014，33（8）：894-896.

[24] 李建霖，傅丽碧，施永乾. 高层住宅安全疏散设计与优化 [J]. 福州大学学报（自然科学版），2021，49（1）：115-120.

[25] 李金梅，朱灿彬，王延章，等. 基于人流分配的多出口建筑人员疏散算法研究 [J]. 安全与环境学报，2023，23（6）：2003-2008.

[26] 李琰. 高层住宅火灾情况下人员心理及疏散行为探讨 [J]. 消防技术与产品信息，2014，（8）：44-47.

[27] 林姚宇，丁川，吴昌广，等. 城市高密度住区居民应急疏散行为研究 [J]. 规划师，2013，29（7）：105-109.

[28] 林志阳，刘正，房志明，等. 行人和交通疏散仿真软件研究综述 [J]. 中国安全科学学报，2022，32（9）：100-110.

[29] 刘朝峰，许强，齐钦，等. 高层住宅建筑火灾应急疏散模拟与策略研究 [J]. 灾害学，2022，37（2）：174-181.

[30] 刘莞青，王嘉航，聂宇彤. 城市建筑空间交通导视系统人性化设计与应用 [J]. 北方建筑，2023，8（6）：39-42.

[31] 刘华钢. 20世纪80年代以来广州地区板式住宅设计的发展 [J]. 建筑科学，2010，26（7）：109-113.

[32] 刘华钢. 广州地区塔式高层住宅设计的发展 [J]. 华中建筑，2013，31（9）：62-68.

[33] 刘盛鹏. 疏散通道交叉口诱导标志设计 [J]. 消防科学与技术，2017，36（11）：1552-1554.

[34] 刘士杰. 残障人群导视系统设计的应用性 [J]. 艺海，2023，(11)：65-68.

[35] 刘伟，邢志祥，常建国. 针对不同人员特征的安全疏散模拟 [J]. 消防科学与技术，2010，29（4）：297-300.

[36] 陆金生，刘昀. 视觉特征在标识导向系统中应用 [J]. 广告大观（标识版），2009，(9)：76-79.

[37] 马哲. 基于建筑楼梯与走道疏散匹配度的冗余宽度系数分析 [J]. 消防技术与产品信息，2017，(4)：12-15.

[38] 裴超. 图书馆VR全景导视系统设计应用研究——以武汉理工大学图书馆为例 [J]. 艺术市场，2022，(5)：118-119.

[39] 任常兴，张欣，张网，等. 人员密集场所突发火灾事故应急疏散能力分析 [J]. 中国安全生产科学技术，2010，6（2）：39-43.

[40] 孙彬. 前后两面双向进户门新式住宅探索 [J]. 城市开发，2023，(11)：57-59.

[41] 孙澄，王燕语，范乐. 基于疏散模拟的东北地区居住区路网结构优化策略研究 [J]. 建筑学报，2018，(2)：38-43.

[42] 孙鹏. 基于Pathfinder的火车站人员疏散研究 [J]. 暖通空调，2022，52（S1）：279-281.

[43] 孙文潇，刘敦宇. 基于Pathfinder的高校学生宿舍人员疏散研究 [J]. 消防界（电子版），2022，8（10）：22-25.

[44] 覃力. 深圳住宅 40 年 [J]. 世界建筑导报, 2020, 35（5）: 51-53.

[45] 王燕语, 孙澄, 范乐. 居住区人群安全疏散信息模型建构与应用研究 [J]. 新建筑, 2019,（2）: 76-79.

[46] 王叶梅. 基于心理学视角的地铁枢纽站导视系统研究 [J]. 城市轨道交通研究, 2024, 27（2）: 78-82.

[47] 王岳. 轨道交通视觉导向系统的设计研究 [J]. 科学技术创新, 2019,（36）: 80-81.

[48] 温博. 基于虚拟现实技术的空间导视系统设计研究 [J]. 艺术品鉴, 2023,（32）: 142-145.

[49] 吴红丽, 陈慧琴, 王靖. 城市轨道交通车站客流导向标识系统评价 [J]. 汽车实用技术, 2019,（18）: 279-281.

[50] 辛静珠, 黎庆. 高校校园标识系统设计初探——以南昌航空大学为例 [J]. 湖南包装, 2018, 33（2）: 72-74.

[51] 杨立兵, 张自忠, 郑海力, 等. 楼梯疏散中员工逃生能力分析 [J]. 中国安全科学学报, 2012, 22（9）: 16-23.

[52] 余婕, 田世祥, 王伟, 等. 基于 AHP-Bayes 的城镇老旧小区动态智能化火灾风险评估模型——以上海市 M 小区为例 [J]. 安全与环境工程, 2021, 28（5）: 10-17, 50.

[53] 袁慧, 代长青. 高层住宅建筑人员疏散时间仿真分析 [J]. 安徽建筑大学学报, 2017, 25（2）: 50-54.

[54] 袁建平, 方正, 卢兆明, 等. 城市灾时大范围人员应急疏散探讨 [J]. 自然灾害学报, 2005,（6）: 116-119.

[55] 袁理明, 范维澄. 建筑火灾中人员安全疏散时间的预测 [J]. 自然灾害学报, 1997,（2）: 30-35.

[56] 张瑜, 高博, 王娟. 基于三维虚拟视觉的高校图书馆导视系统设计 [J]. 自动化技术与应用, 2023, 42（11）: 142-146.

[57] 张阆川, 汪港桃. 校园文化"新常态"下的标识系统设计 [J]. 大众文艺, 2019,（14）: 114-116.

[58] 郑霞忠, 张明, 陈国梁, 等. 多层建筑楼梯疏散宽度组合仿真研究 [J]. 中国安全生产科学技术, 2020, 16（5）: 136-142.

[59] 周慧, 代张音, 范芮雯, 等. 疏散指示标志安装高度对应急疏散效率的影响 [J]. 科学技术与工程, 2022, 22（11）: 4660-4667.

[60] 周铁军，王大川，王悦馨. 基于综合疏散效率的城市住区应急避难场所防灾责任分区多目标规划模型 [J]. 住区，2018，（6）：31-38.

[61] 左进，史吉康. 基于 Anylogic 仿真模拟的高密度传统街区应急疏散研究——以天津小白楼五号地为例 [J]. 南方建筑，2019，（3）：82-88.

2. 专著类

[1] 李思成，陈颖，等. 高层建筑疏散走道火灾烟气多驱动力作用下运动特性 [M]. 北京：知识产权出版社，2019.

[2] 刘茂，王振城. 城市公共安全学——应急与疏散 [M]. 北京：北京大学出版社，2013.

[3] 王冕博，陈瑜. 室内应急避难场所标志系统标准化研究 [C]// 中国标准化协会. 中国标准化年度优秀论文（2022）论文集. 北京：《中国学术期刊（光盘版）》电子杂志社有限公司，2022：410-422.

3. 学位论文

[1] 蔡佳良. 多层建筑特殊人群疏散时间及疏散特征研究 [D]. 西安：长安大学，2023.

[2] 曾美婷. 建筑内人员疏散行为的实验和模拟研究 [D]. 上海：上海应用技术大学，2020.

[3] 曾益萍. 建筑楼梯间行人疏散实验与模拟研究 [D]. 合肥：中国科学技术大学，2018.

[4] 刘柏辰. 高层住宅建筑火灾人员结伴行为对疏散影响研究 [D]. 阜新：辽宁工程技术大学，2022.

[5] 陈文鑫. 空间障碍物影响下的行人疏散仿真研究 [D]. 北京：北京交通大学，2019.

[6] 崔晓婷. 人员楼梯疏散行为实验与元胞自动机模拟研究 [D]. 徐州：中国矿业大学，2021.

[7] 房磊. 高建筑、人口密度老旧住区的公共安全改造设计研究——以上海里弄为例 [D]. 上海：上海应用技术大学，2019.

[8] 冯志文. 地铁环境下紧急事件中应急标识系统的优化设计研究——以上海人民广场站为例 [D]. 徐州：中国矿业大学，2020.

[9] 高国平. 建筑内人员疏散的行为特征与疏散环境研究 [D]. 武汉：武汉理工大学，2018.

[10] 耿琦. 考虑小群体行为特性的疏散实验与模拟研究 [D]. 上海：上海海事大学，2021.

[11] 滑维杰. 地下商业建筑消防疏散动态标识视觉诱导人员应急响应研究 [D]. 重庆：重庆大学，2021.

[12] 黄叶琨. 健康导向的老旧住区更新规划方法研究 [D]. 湖南：湖南大学，2020.

[13] 姜磊. 多语言环境下公共空间导视信息界面设计研究 [D]. 杭州：浙江工业大学，2018.

[14] 金奎良. 新媒体语境下景区导视系统设计研究 [D]. 无锡：江南大学，2022.

[15] 孔维东. 城市既有高层社区防灾系统改造策略研究 [D]. 天津：天津大学，2014.

[16] 李成龙. 人员疏散过程中的拥挤与路径优化研究 [D]. 合肥：中国科学技术大学，2014.

[17] 李路平. 城市步行系统中的标识系统设计研究 [D]. 重庆：重庆大学，2006.

[18] 李爽. 居民区人员应急疏散仿真研究 [D]. 哈尔滨：哈尔滨工业大学，2007.

[19] 李晓萌. 人员疏散行为的实验研究 [D]. 北京：清华大学 2008.

[20] 林辰. 常用人员疏散模拟软件疏散策略及适用性对比研究 [D]. 淮南：安徽理工大学，2020.

[21] 林璇. 板式高层住宅建筑环境振动及抗震安全分析 [D]. 上海：上海交通大学，2015.

[22] 慕楠. 几种灾害场景下人员疏散问题的多手段研究 [D]. 合肥：中国科学技术大学，2015.

[23] 彭丹丹. 基于传染病防控视角下老旧社区景观改造设计研究——以南昌市南苑花园为例 [D]. 南昌：江西农业大学，2022.

[24] 苏春婷. 基于社区营造的老旧小区公共空间景微更新研究——以北京市为例 [D]. 北京：中央美术学院，2021.

[25] 苏勇. 高层建筑结构及楼梯类型对人员疏散时间影响的模拟研究 [D].

淮南：安徽理工大学，2018.

[26] 孙少华. 高层住宅公寓火灾发展与人员疏散模拟研究 [D]. 徐州：中国矿业大学，2021.

[27] 王佳凯. 北京地区自建出租房火灾数值模拟及人员疏散仿真研究 [D]. 北京：首都经济贸易大学，2018.

[28] 王琨. 基于公共安全的老旧住区改造研究 [D]. 南京：南京工业大学，2014.

[29] 王雪玲. 时间压力下应急标识的搜索绩效：显著性和线索类型的调节作用 [D]. 银川：宁夏大学，2020.

[30] 王燕语. 东北城市居住区安全疏散优化策略研究 [D]. 哈尔滨：哈尔滨工业大学，2020.

[31] 王祎然. 重庆市单位制老旧住区外部公共空间适老安全优化设计研究 [D]. 重庆：重庆大学，2019.

[32] 吴彩菱. 标识与采光影响下地下商业建筑人员疏散寻路行为研究 [D]. 重庆：重庆大学，2018.

[33] 许欣欣. 东北老龄化社区道路空间应急疏散与优化策略研究 [D]. 大庆：东北石油大学，2021.

[34] 杨立兵. 建筑火灾人员疏散行为及优化研究 [D]. 长沙：中南大学，2012.

[35] 张嘉鑫. 基于疏散模拟的震后高密度社区应急疏散空间优化设计方法研究 [D]. 天津：河北工业大学，2021.

[36] 张梦雨. 基于功能区布局与客流组织的交通枢纽内导向标识内容与位置设置研究 [D]. 北京：北京交通大学，2020.

[37] 郑轲予. 疏散安全角度下基于街区化考虑的城市住区空间优化 [D]. 天津：天津大学，2017.

[38] 朱孔金. 建筑内典型区域人员疏散特性及疏散策略研究 [D]. 合肥：中国科学技术大学，2013.

[39] 邹涛. 高层建筑楼梯间火灾时烟气控制模拟研究 [D]. 成都：西华大学，2022.

4. 外文文献

[1] PATRICK LEAHY A. Observed Trends in Human Behavior Phenomena

within High-Rise Stairwells[D]. College Park: University of Maryland, 2011.

[2] LARUSDOTTIR A R, DEDERICHS A S. Evacuation of Children: Movement on Stairs and on Horizontal Plane. [J]. *Fire Technol* , 2012, 48: 43-53.

[3] SEKIZAWA M, EBHARA H, NOTAKE K, et al. Occupants' behaviour in response to the high-rise apartments fire in Hiroshima City[J]. Fire and Materials, 1999, 23 (6): 297-303.

[4] SEKIZAWA A, KAKEGAWA S, EBIHARA M. Review of A Real Multistory Store Fire by Applying Evacuation and Smoke Movement Interactive Simulation Model[C]// Fire Safety Science: Proceedings of the Ninth International Symposium. Karlsruhe, Germany: IAFSS, 2008: 477-488.

[5] JIANG C S, DENG Y F, HU C, et al. Crowding in platform staircases of a subway station in China during rush hours [J]. Safety Science, 2009, 47(7): 931-938.

[6] ZHAO C M, LO S M, ZHANG S P, et al. A post-fire survey on the pre-evacuation human behavior[J]. Fire Technology, 2009, 45(1): 71-95.

[7] CHEN J, YU J, WEN J, et al. Pre-evacuation time estimation based emergency evacuation simulation in urban residential communities[J]. International Journal of Environmental Research and Public Health, 2019, 16(23): 4599.

[8] CHEN W, ZHAI G, REN C, et al. Urban resources selection and allocation for emergency shelters: In a multi-hazard environment[J]. International Journal of Environmental Research and Public Health, 2018, 15 (6): 1261.

[9] ZIETZ D, HOLLANDS M. Gaze behavior of young and older adults during stair walking[J]. Journal of Motor Behavior, 2009, 41(4): 357-365.

[10] PURSER D A, BENSILUM M. Quantification of behaviour for engineering design standards and escape time calculations[J]. Safety Science, 2001, 38(2): 157-182.

[11] KULIGOWSKI E D. Model building: An examination of the pre-evacuation period of the 2001 WTC disaster[J]. Fire and Materials, 2015, 39(4): 347-366.

[12] HUO F Z, SONG W G, CHEN L, et al. Experimental study on characteristics of pedestrian evacuation on stairs in a high-rise building[J]. Safety Science, 2016, 86(1): 165-173.

[13] PROULX G, REID I M A. Occupant behavior and evacuation during the Chicago Cook County Administration Building fire[J]. Journal of Fire Protection Engineering, 2006, 16(4): 283-309.

[14] PROULX G, LATOUR J C, MACLAURIN J W, et al. Housing evacuation of mixed abilities occupants in highrise buildings[R]. Ottawa: National Research Council of Canada, 1994.

[15] FRANTZICH H. Study of movement on stairs during evacuation using video analysing techniques[R]. Lund: Department of Fire Safety Engineering and Systems Safety, Lund University, 1996.

[16] NELSON H E B, MOWRER F W. Emergency movement[M]// DINENNO P J, WALTON W D. SFPE handbook of fire protection engineering. Quincy: National Fire Protection Association, 2002: 367.

[17] NOURKOJOURI H, NIKKHAH DEHNAVI A, BAHADORI S, et al. Early design stage evaluation of architectural factors in fire emergency evacuation of the buildings using Pix2Pix and explainable XGBoost model[J]. Journal of Building Performance Simulation, 2023, 16 (4): 415-433.

[18] CHOI J H, GALEA E R, HONG W H. Individual stair ascent and descent walk speeds measured in a Korean high-rise building[J]. Fire Technology, 2014, 50(2): 267-295.

[19] FRUIN J J. Pedestrian Planning and Design [M]. New York: Metropolitan Association of Urban Designers and Environmental Planners, 1971.

[20] MA W, SONG W, TIAN S M, et al. Experimental study on an ultra high-rise building evacuation in China[J]. Safety Science, 2012, 50(8): 1665-1674.

[21] PAULS J, JONES B. Building evacuation: research methods and case studies[M]. London: John Wiley & Sons, Ltd., 1980: 251-275.

[22] SHAH J, JOSHI G, PARIDA P. Walking speed of pedestrian on stairways at intercity railway station in India[C]//Proceedings of the Eastern Asia

Society for Transportation Studies. 2013.
[23] HAMEL K A, CAVANAGH P R. Stair performance in people aged 75 and older[J]. Journal of the American Geriatrics Society, 2004, 52(4): 563-567.
[24] BOYCE K E, SHIELDS T J, SILCOCK G W H. Toward the characterization of building occupancies for fire safety engineering: capabilities of disabled people moving horizontally and on an incline[J]. Fire Technology, 1999, 35(1): 51-67.
[25] YANG L Z, RAO P, ZHU K J, et al. Observation study of pedestrian flow on staircases with different dimensions under normal and emergency conditions[J]. Safety Science, 2012, 50(5): 1173-1179.
[26] LUJAK M, GIORDANI S, OSSOWSKI S. An architecture for safe evacuation route recommendation in smart spaces[C]//ATT@IJCAI. 2016.
[27] KOBES M, POST J G, HELSLOOT I, DE VRIES B. Fire risk of high-rise buildings based on human behaviour in fires[C]//Proceedings of the International Conference on Fire Safety and Engineering. 2008.
[28] MELLY M. Experimental studies on the effects of merging and deference behaviour on stair-floor landings[C]//Proceedings of the International Conference on Fire Safety and Engineering. 2010.
[29] MA X Q, LI M, WANG J C, et al. Applied research on the design of signage and wayfinding system of historic blocks from the perspective of urban culture[J]. E3S Web of Conferences, 2020, 179(1): 01018.
[30] PETERS J, WOOD N, WILSON R, et al. Intra-community implications of implementing multiple tsunami-evacuation zones in Alameda, California[J]. Natural Hazards, 2016, 84(2): 975-995.
[31] SHI Y, ZHAI G, ZHOU S, et al. How can cities adapt to a multi-disaster environment? Empirical research in Guangzhou (China)[J]. International Journal of Environmental Research and Public Health, 2018, 15(11): 2453.
[32] SONG W G, YU Y F, WANG B H, et al. Evacuation behaviors at exit in CA model with force essentials: A comparison with social force model[J]. Physica A: Statistical Mechanics and its Applications, 2006, 371(2): 658-666.

[33] FUJIYAMA T, TYLER N. An explicit study on walking speeds of pedestrians on stairs[C]//Proceedings of the 10th International Conference on Mobility and Transport for Elderly and Disabled People (TRANSED 2004). Hamamatsu, Japan, 2004.

[34] FUJIYAMA T, TYLER N. Predicting the walking speed of pedestrians on stairs[J]. Transportation Planning and Technology, 2010, 33(2): 177-202.

[35] SHIELDS T J, BOYCE K E. A study of evacuation from large retail stores[J]. Fire Safety Journal, 2000, 35(1): 25-49.

[36] LI W H, LI Y, YU P, et al. Modeling, simulation and analysis of the evacuation process on stairs in a multi-floor classroom building of a primary school[J]. Physica A: Statistical Mechanics and its Applications, 2017, 469(1): 157-172.

[37] QU Y C, GAO Z Y, XIAO Y, et al. Modeling the pedestrian's movement and simulating evacuation dynamics on stairs[J]. Safety Science, 2014, 70(1): 189-201.

[38] MA Y P, LI L H, ZHANG H, et al. Experimental study on small group behavior and crowd dynamics in a tall office building evacuation[J]. Physica A: Statistical Mechanics and its Applications, 2017, 473(1): 488-500.

[39] MA Y, LI L, DING N, ZHANG H, CHEN T. Experimental study on evacuation process considering social relation in a tall building[C]// Proceedings of the ASME 2016 International Mechanical Engineering Congress and Exposition. Phoenix, Arizona, USA, November 11-17, 2016: V014T14A017.

[40] MA Y P, LI L H, DING N. Experimental study on evacuation process considering social relation in a tall building[C]//Proceedings of the ASME 2016 International Mechanical Engineering Congress and Exposition. Phoenix, Arizona, USA, November 11-17, 2016.

后 记

自2023年起,本研究团队在广东省住房和城乡建设厅及广东省规划师建筑师工程师志愿者协会支持下,开始针对全省21个地市两千余个老旧小区提升改造和绿色社区建设等项目做系统巡查工作,这是广东省较早推进的全省域、全范围的专项普查,相关研究报告和数据统计最终成为撰写本书极为重要的研究对象与案例基础。

在总结和盘点目前老旧小区提升难点,并系统制定和推进改造重点与落实情况的过程中,我们逐渐意识到既有居住区在消防疏散领域所面临的巨大挑战。这种挑战的来源并非笼统归因于设计缺陷,也并不是简单依靠设备性能完善就能解决的——老旧小区疏散机制和难点解决需要系统性思维和创新式设计思考为核心导向,辅以针对性设施改良和有效管理为手段。研究团队不落窠臼,不盲从于市面上的空泛总结或口号,本着实事求是的态度,从大量老旧小区的基础性调研数据和现实环境分析入手,尤其在历史维度上重视既有居住环境的历时性生成演变过程,在共时性的空间维度上横向对比多种高密度、高强度城市发展模式,摸索提升疏散效率,守护人民生命财产安全与福祉的系统设计方法。

我们发现在历时性和共时性两个维度上,应急疏散与标识系统凸显为最为直接且有效的提升手段之一。这不仅因为标识系统本身契合建筑空间的整体性设计思维,而且与其在更为广泛的应用场景有关;在与老百姓实际生活场景密切相关的空间场景中,与其空谈设计美学,不如利用应急疏散与标识系统将人民生活环境质量的底线守住!无疑,这种思考路径的实现需要依赖更为精准的数据量化分析,但更为重要的是,缺乏建筑设计思维的消防应急会导致相关实践与迫切的国家战略和实际需求严重脱节,只有勇敢地跨越专业和行业鸿沟,做一番建筑学语境下统筹城市韧性系统性提升的新尝试,或可为这个领域长久以来的坚硬壁垒,凿来一缕微弱但深远的光。

    本书编者谨以此书,寥述些许研究观察与感悟,其中未免理解失当,但初心不改,未来可期,是以为记。

本书编者